高等学校公共基础课系列教材

物理学原理及工程应用

（下册）

主编 陈林飞 吴 玲 徐江荣

西安电子科技大学出版社

内 容 简 介

本书内容满足理工科类大学物理课程教学的基本要求,在知识体系的完整性、内容的应用性、选材的深度和广度以及挑战性等方面做了有益的探索。

本书分上、下两册。上册包括质点力学、刚体力学、热学、静电学、稳恒磁场、电磁感应与电磁场,下册包括振动、机械波、光的干涉、光的衍射、光的偏振、相对论和量子物理。每章前几节介绍物理学核心的基本原理,后面几节为与工程应用和科学问题相关的专题(目录中标"＊"的内容),将物理学知识融入应用实例中。本书上、下册参考学时数均为32~64学时,专题内容可根据需要选讲。

本书可作为本科院校理工类各专业的大学物理教材,也可作为普通高等学校各类非物理类专业的物理教材或教学参考书。

图书在版编目(CIP)数据

物理学原理及工程应用.下册/陈林飞,吴玲,徐江荣主编.
—西安:西安电子科技大学出版社,2021.4(2022.7重印)
ISBN 978 − 7 − 5606 − 5997 − 8

Ⅰ. ①物… Ⅱ. ①陈… ②吴… ③徐… Ⅲ. ①物理学—高等学校—教材 Ⅳ. ① O4

中国版本图书馆 CIP 数据核字(2021)第 031362 号

策　划　陈　婷
责任编辑　于文平
出版发行　西安电子科技大学出版社(西安市太白南路 2 号)
电　话　(029)88202421　88201467　　邮　编　710071
网　址　www.xduph.com　　　　电子邮箱　xdupfxb001@163.com
经　销　新华书店
印刷单位　陕西博文印务有限责任公司
版　次　2021 年 4 月第 1 版　2022 年 7 月第 2 次印刷
开　本　787 毫米×1092 毫米　1/16　印张 12.5
字　数　291 千字
印　数　1001~3000 册
定　价　36.00 元
ISBN 978 − 7 − 5606 − 5997 − 8/O

XDUP 6299001 − 2

＊＊＊如有印装问题可调换＊＊＊

前　言

　　物理学是现代工程技术的重要理论基础，以物理学为主要内容的大学物理课程是高等学校理工科学生的一门重要基础课程。为拓展大学物理课程的深度与广度，加强学生创新能力的培养，杭州电子科技大学经研究决定编写本书，把多年的大学物理教学改革经验融入其中，并继承了2010年出版的《大学物理教程》的优点。

　　本书内容满足理工科类大学物理课程教学基本要求，为突出本书的特点，命名为《物理学原理及工程应用》。本书具有以下三个特点。

　　第一，注重知识的区分度。根据我校分层次教学的经验和需求，将本书内容分为两部分：物理学原理和应用类专题。物理学原理部分由基本的、核心的原理构成，内容经我们在教学过程中的反复实践而确定，既突出核心原理，又保证知识体系的完整和内容的基本框架不变；应用类专题部分，将除核心原理以外的知识点模块化，并结合实际应用，形成工程应用和科学问题专题。

　　第二，强调内容的应用性。工程应用和科学问题专题选取了利用大学物理知识可以分析的、与技术应用发展和科学前沿相关的内容，旨在拓展学生视野，培养学生分析问题、解决问题的能力，适用于分层次教学，在注重内容应用性的同时，也具有一定的学习挑战度。

　　第三，体现教材的可教性。本书的物理学原理部分编写时充分考虑课时，遴选核心知识点以突出重点，精选例题以加深对原理的理解，设置思考题引导学生深入学习。工程应用和科学问题专题部分立足于引导提升学生的学习兴趣，注重学生创新能力及综合能力的培养，内容难度适中，适用于以"学"为主的探究式学习。

　　本书分上、下两册，第1～6章为上册，第7～13章为下册。

　　本书的教学改革理念和编写思路由徐江荣教授提出，徐江荣教授负责各章核心知识点的确定以及应用类专题的整体设计并主持编写工作。本书第1章由叶兴浩讲师提供初稿，叶兴浩讲师和石小燕副教授编写，第2章由汪友梅副教授编写，第3章由葛凡教授编写，第4章由黄清龙副教授编写，第5章由吴玲副教授编写，第6章由赵金涛教授编写，第7章和第8章由赵超樱教授编写，第9章和第10章由陈林飞教授编写，第11章由吴玲副教授编写，第12章和第13章由叶兴浩讲师编写。上册由吴玲副教授统稿，下册由陈林飞教授统稿，吴玲、陈林飞、徐江荣担任主编。

　　本书上、下册参考学时数均为32～64学时。其中应用类专题可根据需要选讲。

　　与本书相对应的物理学原理及工程应用课程自2015年在杭州电子科技大学开设以来，

受到学生们的欢迎。该课程与大学物理课程平行设置，并开展小班化研究性教学。依据多轮大学物理的教改实践经验，同名讲义也经过数次的改编，最终形成本书，在此感谢理学院公共物理教研室的老师们，感谢关心、指导我们教改工作的领导和同仁。

　　本书在编写中参考了国内外院校的一些教材，在此谨对相关作者表示衷心的感谢。

　　本课程的教材改革和编写任务重、难度大，同时由于编者水平有限，书中不妥之处在所难免，恳请读者批评指正！

编　者

2021 年 2 月

目　　录

第7章　振　动

　　物体在某一固定位置附近所做的往复运动叫作机械振动,简称振动。振动是物体的一种普遍的运动形式。人类自身每时每刻都处在振动之中,例如,心脏的搏动、血液的循环、肺部的张缩呼吸、脑细胞的思维以及耳膜的振动等。地球本身也不时地因地壳运动而振动。在自然界及宇宙中,还有月亮的圆缺、潮汐的涨落、花草树木的生长和枯萎等。研究机械振动的基本规律有助于理解其他振动,振动也是研究电磁学、光学、无线电学、声学的基础。在社会与经济生活中,存在人口的增长与衰减、农作物虫灾发生的周期性现象、股市的升跌和振荡、社会经济发展过程中速度的增长与衰减等,对这些振动现象进行研究,找出其内在规律并进行有效利用和控制,就可以为人类造福。

　　科学家们很早就发现蜜蜂使用特殊的"舞蹈"向同伴传递事物位置的信息,但是长期以来人们不知道蜜蜂如何在黑暗的蜂巢内部"看到"同伴的舞蹈。德国研究小组发现:蜜蜂在跳某种传递信息的"舞蹈"时,蜂巢会产生微弱的低频振动。如果阻止蜂巢振动,能够领会"舞蹈"信息的蜜蜂数量就会减少到原来的四分之一左右。工程中也有大量的振动问题需要人们研究、分析和处理,特别是近代机器结构正在向大功率、高速度、高精度方向发展,振动问题也就越来越突出。只有掌握了振动规律和特征,才能有效地利用振动的有益方面并限制振动的有害方面。

　　人们广泛地应用着有利的振动。譬如,利用超声波振动的医疗器械;利用钟摆振动原理的钟表;工程实际中用来完成许多不同工艺过程的数以万计的振动机器和振动仪器。它们极大地改善了劳动条件,甚至成百倍地提高了劳动生产率。人们也可以利用潮汐的周期性振动预报重大灾难的来临、开发能源、安排航运和防护海岸等。

　　当然,振动也有不利的一面。它会引起噪声污染,影响精密仪器设备的功能,降低机械加工的精度和光洁度,加剧构件的疲劳和磨损,缩短机器和结构物质的使用寿命;大型机械振动还会消耗能量,降低机械效率;振动有时还会使厂房形变过大发生损坏甚至坍塌,造成灾难性的事故,有些烟囱或者桥梁就是因自激振荡而坍毁的;机翼的颤振、机轮的摆振和航空发动机的异常振动,曾多次造成飞行事故;飞机和车船的振动恶化了乘载条件;地震、暴雨、台风等造成了巨大的经济损失等。我们通常可根据振动的发生机理,加装特定的隔振装置或采取防振措施对其加以抑制或消除。

　　振动分为线性和非线性两类。线性振动的理想化模型是简谐振动。许多实际的小振幅振动都可以看成是简谐振动。自然界中的振动绝大多数是非线性振动。本章首先介绍简谐振动的基本概念以及同方向、同频率的两个振动的合成;其次介绍不同方向、不同频率的两个振动的合成;最后介绍非线性振动与混沌现象。本章的重点和难点包括使用旋转矢量法求解振动方程、使用叠加原理求解同(不同)方向、同(不同)频率振动的合成,使用非线性振动方程求解相图。

7.1 机 械 振 动

7.1.1 简谐振动

我们可以发现,遛狗时狗跑起来比人快多了,这是因为狗的腿比人的短,还是因为狗的身体比较轻巧呢?

机械振动是我们今后研究波动、声音、交流电以及光波的基础。机械振动中,最简单最基本的振动形式是简谐振动,任何复杂的振动都可以分解为一些简谐振动的叠加。

物体运动时,如果离开平衡位置的位移 x(或角位移)按余弦函数(或正弦函数)的规律随时间 t 变化,这样的振动称为简谐振动,其数学表达式为

$$x = A\cos(\omega t + \varphi) \tag{7-1}$$

由式(7-1)可知,描述简谐振动的三要素为:振幅 A、角频率 ω 和初相位 φ。简谐振动的角频率和周期只和物体(或振动系统)本身的物理性质有关,并满足关系式

$$T = \frac{2\pi}{\omega} = 2\pi\nu \tag{7-2}$$

式中,ν 表示频率。相位 $\omega t + \varphi$ 决定简谐振动物体的运动状态,即不仅决定了振动物体在任意时刻相对于平衡位置的位移,还决定了它在该时刻的速度。当 $t=0$ 时,相位 $\omega t + \varphi = \varphi$,故 φ 称为初相位,简称初相。初相是由振动系统的初始时刻(所选的开始计时的起点)决定的。

将式(7-1)对时间求一阶和二阶导数,得到物体运动的速度和加速度如下:

$$v = \frac{dx}{dt} = -\omega A\sin(\omega t + \varphi) = -v_{max}\sin(\omega t + \varphi) \tag{7-3}$$

$$a = \frac{d^2x}{dt^2} = -\omega^2 A\cos(\omega t + \varphi) = -a_{max}\cos(\omega t + \varphi) \tag{7-4}$$

式中:$v_{max} = \omega A$、$a_{max} = \omega^2 A$ 分别为速度和加速度的最大值。

由动能和势能的定义,可以得到系统的动能 E_k 和弹性势能 E_p:

$$E_k = \frac{1}{2}mv^2 = \frac{1}{2}mA^2\omega^2\sin^2(\omega t + \varphi) \tag{7-5}$$

$$E_p = \frac{1}{2}kx^2 = \frac{1}{2}kA^2\cos^2(\omega t + \varphi) \tag{7-6}$$

对于弹簧振子 $\omega^2 = \frac{k}{m}$,则总的机械能为

$$E = E_k + E_p = \frac{1}{2}kA^2 \tag{7-7}$$

7.1.2 振动的合成

在许多问题中,一个物体可以同时参与几个简谐振动。例如,当有两个声音同时传到空间的某一位置时,则该处空气中的分子就同时参与了两个振动,在这种情况下,物体总的振动情况如何呢?

为了解决振动的合成问题，这里先介绍简谐振动的旋转矢量表示法。简谐振动可以用旋转矢量来表示质点任一时刻的位移、速度和加速度。如图 7-1 所示，自 OX 轴的原点 O 作一矢量 A，使它的模等于振幅 A，并使矢量 A 在平面内绕原点做逆时针方向的匀角速度转动，其角速度与振动角频率 ω 相等，该矢量称为旋转矢量。

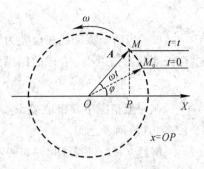

图 7-1 旋转矢量法示意图

设在 $t=0$ 时，矢量 A 的矢端在位置 M_0，它与 OX 轴的夹角为 φ；在 t 时刻，矢量 A 的矢端在位置 M。在此过程中，矢量 A 沿逆时针方向转过了角度 ωt，它与 OX 轴间的夹角为 $\omega t + \varphi$。由图 7-1 可知，矢量 A 在 OX 轴上的投影点 P 的坐标为 $x = A\cos(\omega t + \varphi)$，即 P 点的运动在 OX 轴上的投影是简谐振动。矢量 A 以角速度 ω 旋转一周，相当于物体在 OX 轴上做一次完全振动。必须指出，我们只是利用旋转矢量端点在 OX 轴上的投影点的运动，来形象地表示线性振动的规律，旋转矢量本身并不是简谐振动。

旋转矢量法可形象地反映出相位 $\omega t + \varphi$ 与简谐振动状态参量间的对应关系，$\omega t + \varphi$ 亦称相角。旋转矢量图不仅为我们提供了一幅直观而清晰的简谐振动图像，而且借此能使我们一目了然地弄清相位的概念和作用，对进一步研究振动问题十分有益。

假设物体参与的两个简谐振动的方向、频率均相同，则这两个简谐振动可以表示为

$$\begin{cases} x_1 = A_1\cos(\omega t + \varphi_{10}) \\ x_2 = A_2\cos(\omega t + \varphi_{20}) \end{cases} \tag{7-8}$$

式中：A_1、A_2 分别表示两个简谐振动的振幅，φ_{10}、φ_{20} 表示它们的初相位，ω 为角频率。

利用旋转矢量法在坐标系中画出 $t=0$ 时刻两个简谐振动所对应的振动矢量，如图 7-2 所示，利用矢量合成法则可得

$$x = x_1 + x_2 = A\cos(\omega t + \varphi_0)$$

其中

$$A = \sqrt{A_1^2 + A_2^2 + 2A_1A_2\cos(\varphi_{10} - \varphi_{20})} \tag{7-9}$$

$$\tan\varphi_0 = \frac{A_1\sin\varphi_{10} + A_2\sin\varphi_{20}}{A_1\cos\varphi_{10} + A_2\cos\varphi_{20}} \tag{7-10}$$

图 7-2 中，A_1、A_2 两矢量的角频率相同，所以合矢量 A 的角频率也和它们相同，并且三个矢量以相同的角速度一起旋转。由于 A_1、A_2 两矢量的夹角保持不变，长度也不变，所以 A 的长度也不变。

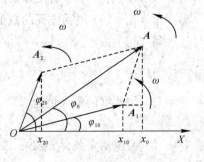

图 7-2 矢量合成示意图

同方向、同频率的两个简谐振动合成后依然是一个简谐振动，且频率与原来的频率相同。合成的简谐振动的振幅不仅与原来的两个简谐振动的振幅相关，而且与两个简谐振动的相位差有关。

（1）当两个振动的相位差为 $\varphi_{20} - \varphi_{10} = 2k\pi$，$k = 0$，$\pm 1, \pm 2, \cdots$（称为同相）时，合振动的振幅最大，合成的结果为互相加强，即

$$A_{\max}=\sqrt{A_1^2+A_2^2+2A_1A_2}=A_1+A_2 \qquad (7-11)$$

(2) 当两个振动的相位差为 $\varphi_{20}-\varphi_{10}=(2k+1)\pi$, $k=0$, ±1, ±2, …(称为反相)时，合振动的振幅最小，合成的结果为互相减弱，即

$$A_{\min}=\sqrt{A_1^2+A_2^2-2A_1A_2}=|A_1-A_2| \qquad (7-12)$$

在一般情况下，相位差 $\varphi_{20}-\varphi_{10}$ 可取任意值，而合振动的振幅则介于 A_2+A_1 和 $|A_2-A_1|$ 两者之间。

例题 7-1 根据图 7-3 所示的质点振动曲线，写出振动方程。

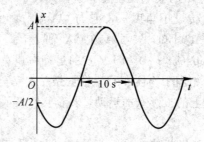

图 7-3　质点振动曲线

解 简谐振动方程为

$$x=A\cos(\omega t+\varphi)$$

根据图中给出的条件可知 $T=20$ s，得

$$\omega=\frac{2\pi}{T}=\frac{\pi}{10}\ \text{rad/s}$$

当 $t=0$ 时，$x_0=-\dfrac{1}{2}A$，$v_0<0$，初相为第二象限。

由 $-\dfrac{1}{2}A=A\cos\varphi$，得 $\varphi=\dfrac{2}{3}\pi$，可得振动方程为

$$x=A\cos\left(\frac{1}{10}\pi t+\frac{2}{3}\pi\right)$$

例题 7-2 一物体做简谐振动，其速度最大值 $v_{\max}=3\times10^{-2}$ m/s，振幅 $A=2\times10^{-2}$ m，若 $t=2$ s，物体位于平衡位置且向 x 轴的负方向运动。求：(1) 振动周期 T；(2) 加速度的最大值 $a_{\max}$；(3) 振动方程的数值式。

解 (1) 由 $v_{\max}=A\omega$，得 $\omega=1.5$ rad/s，故振动周期为

$$T=\frac{2\pi}{\omega}=4.19\ \text{s}$$

(2) 加速度的最大值为

$$a_{\max}=A\omega^2=4.5\times10^{-2}\ \text{m/s}^2$$

(3) 根据给定条件 $t=2$ s，$x_0=0$，$v_0<0$ 可得

$$\begin{cases} x_0=0.02\cos(1.5\times2+\varphi)=0 \\ v_0=-0.03\sin(1.5\times2+\varphi)<0 \end{cases}$$

推得

$$\varphi = \frac{\pi}{2} - 3$$

故振动方程为

$$x = 0.02\cos\left(1.5t + \frac{\pi}{2} - 3\right)$$

7.1.3 拍频

假如物体参与的两个简谐振动的方向及振幅相同，但频率不同，这两个简谐振动可表示为

$$\begin{cases} x_1 = A\cos(\omega_1 t + \varphi_{10}) \\ x_2 = A\cos(\omega_2 t + \varphi_{20}) \end{cases} \tag{7-13}$$

相应的合振动为

$$x = x_1 + x_2 = A\cos(\omega_1 t + \varphi_{10}) + A\cos(\omega_2 t + \varphi_{20})$$
$$= 2A\underbrace{\cos\left(\frac{\omega_1 - \omega_2}{2}t + \frac{\varphi_{10} - \varphi_{20}}{2}\right)}_{\text{第 I 项}}\underbrace{\cos\left(\frac{\omega_1 + \omega_2}{2}t + \frac{\varphi_{10} + \varphi_{20}}{2}\right)}_{\text{第 II 项}} \tag{7-14}$$

可见，当 $\omega_1 \neq \omega_2$ 时，合成的振动不再是简谐振动。但是若 ω_1、ω_2 极为相近，使得 $|\omega_1 - \omega_2| \ll \omega_1 + \omega_2$，则第 I 项随 t 的变化要比第 II 项缓慢得多。这种情形下，我们可以近似地将合振动看作"准简谐振动"，其中，振幅为

$$A' = \left| 2A\cos\left(\frac{\omega_1 - \omega_2}{2}t + \frac{\varphi_{10} - \varphi_{20}}{2}\right) \right|$$

频率为 $\frac{\omega_1 + \omega_2}{2}$。

尽管其振幅 A' 随 t 变化得较缓慢，但从较长时间来看，振幅时强时弱，如图 7-4 所示，这种现象称为拍，一次强弱变化称为一拍，而在单位时间内的变化次数就是拍频。拍的周期为

$$T_b = \frac{1}{2}\frac{2\pi}{\left|\dfrac{\omega_1 - \omega_2}{2}\right|} = \frac{2\pi}{|\omega_1 - \omega_2|} \tag{7-15}$$

即为原来两个角频率之差。

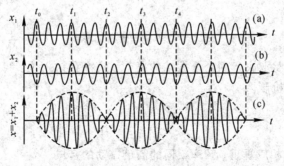

图 7-4 拍频

人们常利用拍现象来校准乐器。拍音就是由乐器的弦发生拍现象而产生的微弱振动。在校准乐器时，如果乐器的弦没有调节到位，那么当它被拨动后发出的声音便与标准音调

不相符合,调琴师则会根据乐器发出的声音来进行校准。拍音是两个乐音在音高、音色、音量、时值相近时产生的强弱变化现象。拍音不是乐音,只是两个相近乐音在音高、音色、音量、时值特性上的差别。我们辨拍音的目的并不是判定音与音之间哪个高,哪个低,只是听其强弱的波动,这个"波动"客观地反映了音准的状况。可以说以"音程"感觉判断音高,是音乐家们在感性认识的层面上辨别音高的方法。音乐家不会严格地指出乐音之间音高的具体差异,而调律师却要通过听辨拍音来判断音高的具体差异。同样地,在测定声波或无线电波的频率时,测定人员会定向发送已知频率的波,然后根据拍频计算得出未知波的频率(详细内容见 8.4 节多普勒效应及其应用)。

　　思考题 7 - 1　用物理原理解释如何校准乐器。

*7.2　李萨如图形在相位测量中的应用

　　我们去医院体检时可能需要做 B 超、X 光和 CT 等项目,它们都需要用到示波器。示波器是一种用途十分广泛的电子测量仪器,它能把肉眼看不见的电信号变换成看得见的图像。

　　200 年前,法国数学家李萨如发明了如图 7-5 所示的装置,让一束光被一面固定在音叉上的镜子反射,再被第二面固定在音叉上的镜子反射,两个音叉的振动方向相互垂直,为了取得不同的谐振频率,两者的音高不同。最后光束打到墙上形成了李萨如图形。示波器以及谐振记录仪等仪器的原理都是基于此。

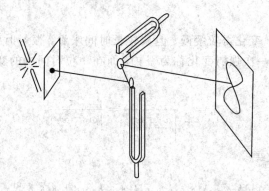

图 7-5　原始的李萨如装置

　　李萨如图形的形状取决于两个分振动的振幅、频率和初相位。我们首先来了解一下李萨如图形产生的物理机制。

7.2.1　李萨如图

1. 两个振动方向相应垂直、频率相同的简谐振动的合成

　　假设物体同时参与的两个简谐振动的频率相同、振动方向相互垂直,分别表示为沿 x 轴和沿 y 轴方向的振动:

$$x = A_1 \cos(\omega t + \varphi_{10})$$

$$y = A_2\cos(\omega t + \varphi_{20}) \tag{7-16}$$

它们共同决定了物体在 Oxy 平面上的运动。其运动轨迹可以由上面两个方程消去时间 t 而得到：

$$\frac{x^2}{A_1^2} + \frac{y^2}{A_2^2} - \frac{2xy}{A_1 A_2}\cos(\varphi_{20} - \varphi_{10}) = \sin^2(\varphi_{20} - \varphi_{10}) \tag{7-17}$$

由此可见，物体运动的轨迹与相位差是紧密联系的。

（1）当相位差 $\varphi_{20} - \varphi_{10} = 0$ 时，相应的轨迹方程为

$$\frac{x}{A_1} = \frac{y}{A_2}$$

此式表示物体沿着一、三象限中过原点的一条直线振动，如图 7-6 所示。显然，合振动仍然是一个频率为 ω 的简谐振动，其振幅为 $\sqrt{A_1^2 + A_2^2}$，相应的初相位为 $\varphi_0 = \varphi_{10} = \varphi_{20}$。

（2）当相位差 $\varphi_{20} - \varphi_{10} = \pm\pi$ 时，相应的轨迹方程为

$$\frac{x}{A_1} = -\frac{y}{A_2}$$

此式表示物体沿着二、四象限中过原点的一条直线振动，如图 7-6 所示。合振动也是一个频率为 ω 的简谐振动，其振幅为 $\sqrt{A_1^2 + A_2^2}$，相应的初相位为 $\varphi_0 = \varphi_{20}$。

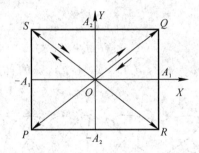

图 7-6 当相位差 $\varphi_{20} - \varphi_{10} = 0, \pm\pi$ 时的运动轨迹（直线）

（3）当相位差 $\varphi_{20} - \varphi_{10} = \pm\pi/2$ 时，相应的轨迹方程为

$$\frac{x^2}{A_1^2} + \frac{y^2}{A_2^2} = 1$$

这时物体的运动轨迹是一个椭圆，其两条轴线分别位于 x 轴与 y 轴上，如图 7-7 所示。

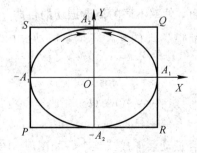

图 7-7 当相位差 $\varphi_{20} - \varphi_{10} = \pm\dfrac{\pi}{2}$ 时的运动轨迹（椭圆）

（4）当相位差 $\varphi_{20}-\varphi_{10}$ 为其他值时，相应的轨迹方程依然为椭圆。但随着相位差的变化，物体的运动方向在改变。若 $0<\varphi_{20}-\varphi_{10}<\pi$，则物体在轨道上沿着顺时针方向运动；若 $\pi<\varphi_{20}-\varphi_{10}<2\pi$，则物体的运动是逆时针的，如图 7-8 所示。

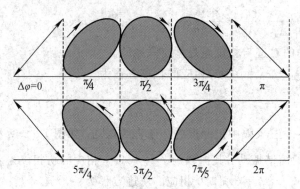

图 7-8　当相位差 $\varphi_{20}-\varphi_{10}$ 为其他值时的运动轨迹(椭圆)

2. 两个振动方向相互垂直、频率不同的简谐振动的合成

假设物体同时参与的两个简谐振动的频率不同、振动方向相互垂直，分别表示为沿 x 轴和沿 y 轴方向的振动：

$$x=A_1\cos(a\omega t+\varphi)$$
$$y=A_2\cos(b\omega t+\varphi+\delta) \tag{7-18}$$

其中 a 和 b 都是自然数。当 $\delta=\pi/2$，a 和 b 取几个特殊的自然数时，合振动的结果如图 7-9 所示。

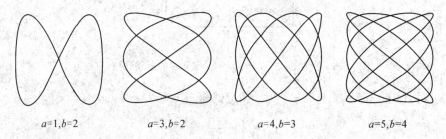

$a=1,b=2$　　　　$a=3,b=2$　　　　$a=4,b=3$　　　　$a=5,b=4$

图 7-9　两个振动方向相互垂直、频率不同的简谐振动的合成

3. 三个振动方向相互垂直、频率不同的简谐振动的合成

若物体同时参与的三个简谐振动的频率不同、振动方向相互垂直，分别表示为沿 x 轴、y 轴和 z 轴方向的振动：

$$\begin{cases} x=A_1\cos(a\omega t+\varphi_1) \\ y=A_2\cos(b\omega t+\varphi_2) \\ z=A_3\cos(c\omega t+\varphi_3) \end{cases} \tag{7-19}$$

其中 a、b 和 c 都是自然数，合振动会形成三维李萨如图形。图 7-10 给出了利用计算机仿真得到的三维李萨如图形，这些美丽的李萨如图形犹如一幅幅精美生动的艺术作品，成为艺术家创作的源泉。

图 7 - 10 三维李萨如图形

7.2.2 李萨如图在相位测量中的应用

在电工、无线电技术中，常常利用示波器在 $X-Y$ 模式下观察李萨如图形，并用以测量两个信号的频率比与相位差。$X-Y$ 模式示意图如图 7 - 11 所示。简单来说，$X-Y$ 模式就是将电压—时间显示转换成电压—电压显示。实际上，在任何涉及两个相互关联的物理量的场合都可以使用 $X-Y$ 模式。譬如，使用各种传感器时，示波器屏幕可显示流量—压力、电压—频率等关系曲线。如果输入的两信号没有线性的频率关系，就不会获得稳定的图形显示。

接下来，我们来看一下在示波器 $X-Y$ 模式中是如何利用李萨如法进行测量的。

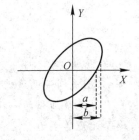

图 7 - 11 $X-Y$ 模式示意图

在示波器中，CH1 通道输入的 Y 轴变量转换成 $X-Y$ 模式下的 X 轴变量，故通道 1 幅度在 X 轴上绘制，通道 2 幅度在 Y 轴上绘制，开启此模式后，示波器固定为两通道运行。随着两信号间相位的变化，$X-Y$ 模式中合成的波形是不断变化的。通过观察 $X-Y$ 模式中波形的形状，我们就可以知道两通道输入信号的相位差。

设加在示波器垂直偏转板上的正弦电压为 $U_y=U_{y0}\sin\omega t$，加在示波器水平偏转板上的正弦电压为 $U_x=U_{x0}\sin(\omega t+\theta)$，两正弦电压的相位差为 θ，当 $\omega t=0$ 时，$U_y=0$，$U_x=U_{x0}\sin\theta$。电压在 X 轴上的截距为 $a=M_xU_{x0}\sin\theta$，M_x 为示波器的放大器在水平方向上的偏转灵敏度。水平方向的最大投影为 $b=M_xU_{x0}$，因此可得到 $\theta=\arcsin\dfrac{a}{b}$。

李萨如图形是由在 $X-Y$ 模式上的两个频率成简单整数比的简谐振动所合成的规则的、稳定的闭合曲线。如果两正弦电压的最大值 U_{x0} 和 U_{y0} 相等，则示波器放大器在水平方向与垂直方向的偏转灵敏度相同。当李萨如图形是一条直线时，与 X 轴的夹角为 45° 或 135°，相位差为 0° 或 180°；当李萨如图形为一个圆时，两正弦电压的相位差为 90° 或 270°。

思考题 7 - 2 用计算机软件（如 LabVIEW、Matlab 软件）数值模拟动态李萨如图形。

思考题 7 - 3 设计实验，演示激光绘制李萨如图形。

材料包括：有机玻璃盒、两个扬声器、两面镜片、He-Ne 激光器（5 mW）、信号发生器。

如图 7 - 12 所示，此装置中包含一个激光器、两片固定在扬声器上的镜面及两个扬声器。镜面振动的频率与振幅由函数信号发生器控制。通过这个装置我们可以观察到频率之比为 1∶1、1∶2、1∶3 等的声音信号产生的李萨如图形，同时可以听到不同频率信号的差别。

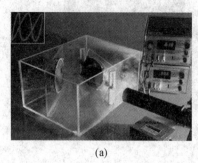　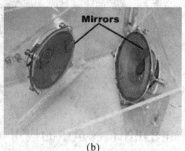

(a)　　　　　　　　　　　　(b)

图 7-12　实验装置图

7.3　非线性振动与混沌现象

"一只南美洲亚马逊河流域热带雨林中的蝴蝶，偶尔扇动几下翅膀，可以在两周以后引起美国得克萨斯州的一场龙卷风"——蝴蝶效应。股市、物种分布、天气预报等到处都体现了蝴蝶效应的威力。

人们普遍认为世界上只存在两种系统：牛顿经典力学描述的确定性系统和量子力学描述的随机性系统。对于前者，宏观现象都可以用确定性理论加以近似描述。对于后者，微观世界的现象系统常用随机性理论加以描述，预测其出现某种结果的概率。中国哲学家老子早在公元前 560 年就提出了宇宙起源于混沌的哲学思想。庄子在公元前 450 年左右提出了中央天帝为混沌的说法。后来，天文学家发现太阳系并非按照牛顿定律精确地运转，这就是著名的三体问题。随着认识的不断深入，人们又发现了一种貌似随机的确定性系统，即混沌系统。它对初始条件具有极其敏感的依赖性。自 20 世纪 70 年代以来，混沌已经发展成为一门新兴学科，它是非线性科学重要的成就之一，它揭示的有序与无序的统一，确定性与随机性的统一，是 20 世纪继相对论和量子力学问世以来物理学的第三次革命。

混沌学中的四对基本辩证科学范畴是"确定"与"随机"、"有序"与"无序"、"简单"与"复杂"、"线性"与"非线性"，它们从相辅相成的角度丰富和发展了传统辩证法的内涵和意义。

1. "确定"与"随机"

混沌学的最大成就之一就是将确定性和随机性统一了起来。一般看来，确定性和随机性是世界上完全对立的两种现象，似乎没有任何交叉的可能。确定性可以使我们准确地算出日、月食出现的时间、卫星发射后的准确运行轨道等；随机性则不能使我们准确确定事物的未来结果，如掷骰子一般，只能肯定其每面朝上的可能性都是 1/6。混沌系统中则同时出现了上述两种现象，既不是纯粹的确定性，也不是纯粹的随机性，而是兼而有之。确定性和随机性统一在混沌现象中，这是对辩证法中对立的双方互相包含着对方而又统一的绝好证明，正如太极图中"阴中有阳，阳中有阴，阴阳互根，道在其中"一样。

最典型的例子要数气象变化系统中的洛伦兹吸引子，它是一种决定性的非周期流。气象变化是一种非常不确定的现象，正所谓"六月天，孩儿脸"，说变就变，风云雷雨之事难测。尽管如此，世界上许多国家还是斥巨资进行气象预报，并能在一两天之内作出较好的预报结果，仅仅只是在某一点上、某一时刻偶尔出点差错。洛伦兹将气象变化的数据绘制到相空间图上，结果，非常混沌的无规则变化的数据点形成一个不完全自我重复、轨迹永不相交但却永不停止地转动的猫头鹰或蝴蝶形象的双螺旋线，从而说明了不确定的数据流中所具有的确定性特征，这个结论是非常深刻的。

2. "有序"与"无序"

有序与无序也是混沌系统中两种可以共存的对立结构现象。在混沌学中，这对范畴是同确定性与随机性相对应的。有序与确定性相对应，无序与随机性相对应。如果说确定性和随机性是从人类可控的角度描述现象，那么有序和无序则是从现象的时空结构客观表征上加以考察研究的。普利高津的耗散结构论对"从混沌到有序"的过程做了富有开拓性的研究，而混沌学则对有序和无序的统一做了详尽的证明。

3. "简单"与"复杂"

混沌学中有一个很重要的结论，即简单系统可以产生复杂行为，复杂系统可以产生简单行为。混沌学中发现了与"3"有关的许多简单系统，这些简单系统可以产生出混沌的复杂行为。

4. "线性"和"非线性"

这也是一对与简单和复杂相对应且关系密切的范畴。一般而言，线性系统是简单的，但简单系统不一定是线性的；非线性系统是复杂的，但复杂系统不一定是非线性的。线性关系在作用时表现为一条直线，想象中是一种比例关系。

线性方程可以求解，便于理解讲述，具有一种重要的叠加特性，可以分解和合并而不影响解的一致性。非线性关系则不然，作用时表现为各种形状的曲线，如二次函数、三角函数等都是非线性的。复杂的非线性方程不一定有解，不能叠加。

7.3.1　相空间

如图 7-13 所示，由 A、B、C 三个质点组成的力学系统，约束在竖直的平面内运动，系统的位置在直角坐标系中可用 $(x_A, y_A, x_B, y_B, x_C, y_C)$ 6 个变量来描述，但它们之间不是独立的，存在附加的三个约束条件：A 点为铰链固定，A 与 B、B 与 C 之间刚性连接。这样，仅用两个独立变量 (φ, θ) 即可描述系统的空间位置。

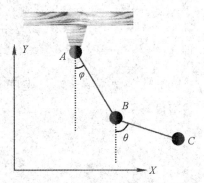

图 7-13　三个质点组成的力学系统

确定一个力学系统空间位置所需的独立变量叫作力学系统的广义坐标，用符号 q_i 来表示，$i = 1, 2 \cdots, n$，n 为独立变量数目，称为力学系统的自由度。

在牛顿力学中，一个质点的运动状态可用 6 个变量 (x, y, z, p_x, p_y, p_z) 描述。其中 (x, y, z) 为质点的位置，(p_x, p_y, p_z) 为质点的动量：

$$\begin{cases} p_x = mv_x \\ p_y = mv_y \\ p_z = mv_z \end{cases}$$

一般一个力学系统的运动状态可以用系统的 n 个广义坐标 q_i 和 n 个广义动量 p_i 共 $2n$ 个独立变量来描述。我们以 (q_i, p_i) 为坐标，构造一个 $2n$ 维的状态空间，该空间的每一个点对应力学系统中的一个状态；空间的每一条曲线对应力学系统一种可能的变化过程。用这种方法对力学系统的整体运动进行描述，这个状态空间称为相空间。

例如，简谐振动的运动方程为

$$\ddot{x} + \frac{k}{m}x = 0$$

在相空间中写成：

$$\begin{cases} \dot{x} = \dfrac{p}{m} \\ \dot{p} = m\dot{v} = -kx \end{cases}$$

解得

$$\frac{1}{2}kx^2 + \frac{1}{2}\frac{p^2}{m} = C \qquad\qquad (7-20)$$

式中 C 为常数，其相图（见图 7-14）表示出了简谐振动的动能和势能的转换以及机械能守恒规律。

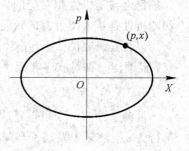

图 7-14　简谐振动的相图

7.3.2　单摆

图 7-15 所示是单摆的示意图，在轻质刚性杆的下端，悬挂一小球，当杆处于铅垂位置时，小球位于平衡位置 O 点。

假定小球的质量为 m，杆的长度为 l，重力加速度为 g，小球相对于平衡位置的角位移大小为 θ，按转动定律：

$$M = J\frac{\mathrm{d}^2\theta}{\mathrm{d}t^2}$$

则

$$mgl\sin\theta = ml^2\ddot{\theta}$$

即

$$\ddot{\theta} + \frac{g}{l}\sin\theta = 0$$

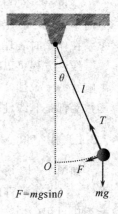

$F = mg\sin\theta$

图 7-15　单摆

或写成

$$\begin{cases} \dot{\theta} = \omega \\ \dot{\omega} = -\dfrac{g}{l}\sin\theta \end{cases} \qquad\qquad (7-21)$$

当小球摆动的角度 θ 较小时，$\sin\theta$ 可近似地用 θ 来代替，相应地，式（7-21）变为

$$\ddot{\theta} + \frac{g}{l}\theta = 0 \qquad\qquad (7-22)$$

此时，运动方程为一个线性方程，其解表示在平衡位置附近的一个简谐振动。但当 θ 较大时，$\sin\theta$ 不能用 θ 来代替，此时式(7-22)则为一个非线性方程。求解该方程以期得到 θ 随 t 的变化情况是比较复杂的。

将式(7-21)的第一个方程和第二个方程相除可得

$$\frac{\mathrm{d}\omega}{\mathrm{d}\theta} = -\frac{g}{l}\frac{\sin\theta}{\omega}$$

解该微分方程可得

$$\frac{1}{2}ml^2\omega^2 - mgl\cos\theta = C \tag{7-23}$$

其中积分常数 C 由初始条件决定。若以 $\theta = \pi/2$ 处为重力势能零点位置，则对于任意角度 θ：第二项正是系统的势能 $V(\theta) = -mgl\cos\theta$，如图 7-16 所示；第一项则代表了系统的动能；常数 C 代表了初始时刻的能量 E_0，由式(7-23)可得

$$\omega = \pm\sqrt{\frac{2}{ml^2}}\sqrt{E_0 - V(\theta)} = \pm\sqrt{\frac{2}{ml^2}}\sqrt{E_0 + mgl\cos\theta} \tag{7-24}$$

给定一初始能量 E_0，则可以在以 θ、ω 为坐标轴的相平面上，根据式(7-24)画出相应的相轨迹，如图 7-17 所示，由图可知：

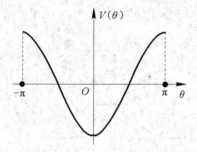

图 7-16 势能曲线

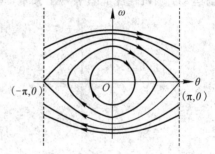

图 7-17 相轨迹

(1) 当 E_0 取最小值 $E_0 = -mgl$，$\theta = 0$ 时，对应相平面上的点 $O(0,0)$，由式(7-21)可知，此时 $\dot\theta = \omega = 0$，为平衡状态，如图 7-18 所示。

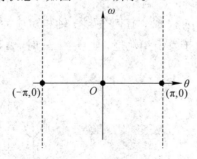

图 7-18 平衡状态

(2) 当 E_0 的取值满足 $-mgl < E_0 < mgl$，$-\pi < \theta < \pi$ 时，对应的相轨迹是绕 O 点的一些闭合曲线，且相点沿相轨迹按顺时针方向运动。每个闭合曲线表示一个在平衡位置附近往返振动的周期运动。当 $E_0 \ll mgl$ 时，相当于做简谐振动，可由式(7-22)描述，如图 7-19所示。

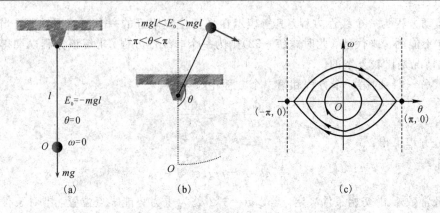

图 7-19　简谐运动

（3）当 E_0 的取值为 mgl 时，相点在趋近于 $(\pm\pi, 0)$ 的相轨迹上运动，相点 $(\pm\pi)$ 同样使 $\theta=\omega=0$，即小球处于平衡状态位置，但这与 O 点不同。O 点是势能极小值位置，平稳状态是稳定的；而 $\theta=\pm\pi$ 对应于小球转到最高点，是势能处于极大值的平衡状态位置，是不稳定的。在外界干扰下，此刻摆有三种可能：一是继续留在顶点，二是由原路返回，三是继续向前运动，随机性在此就表现出来了，如图 7-20 所示。

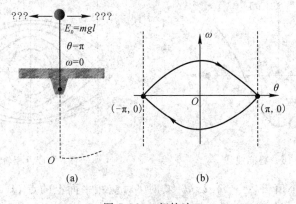

图 7-20　相轨迹

（4）当 E_0 的取值为 $E_0>mgl$ 时，有两条和 θ 轴相对应的相轨迹曲线，如图 7-21 所示，分布于上下两个平面，对于每个相轨迹，当 $\theta=\pm\pi$ 时，ω 相同，由式(7-23)可知，它

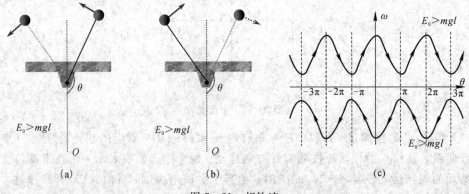

图 7-21　相轨迹

们对应于相同的运动状态，因此该相轨迹表示一个周期运动，但它与 E_0 较小时的周期运动有着明显的差别，它表示单摆在铅垂平面内绕悬挂轴向同一个方向旋转。上半平面的相轨迹对应于逆时针旋转，而下半平面的相轨迹对应于顺时针旋转。

7.3.3 受周期力驱动的阻尼摆

若式(7-21)中的单摆考虑存在以下情形：

(1) 线性阻尼力 $F_{阻}=-\gamma\upsilon$，与速度成正比，阻尼力矩 $M_{阻}=-\gamma l^2\omega=-\gamma l^2\dot{\theta}$，

(2) 外部由一周期性外力驱动：$F_{外}=F\cos\omega_d t$，则 $M_{外}=Fl\cos\omega_d t$，

那么摆的运动方程如下：

$$ml^2\ddot{\theta}=-\gamma l^2\dot{\theta}-mgl\sin\theta+Fl\cos\omega_d t$$

即

$$ml\ddot{\theta}=-\gamma l\dot{\theta}-mg\sin\theta+F\cos\omega_d t \qquad (7-25)$$

式中：θ 为单摆离开铅垂位置的角位移，l 为摆长，g 为重力加速度，γ 为阻力系数，F 为周期性外力幅值，ω_d 为周期性外力角频率，$\omega_0=\sqrt{g/l}$ 为振子固有频率。为了将运动方程无量纲化，定义 $\beta=\gamma/(2m\omega_0)$，无量纲阻尼常量 $f=F/(ml\omega_0^2)$，$\Omega=\omega_d/\omega_0$ 是无量纲驱动力参数，$t'=\omega_0 t$ 为无量纲时间，则上面的方程可变换为

$$\frac{d^2\theta}{dt'^2}=-2\beta\frac{d\theta}{dt'}-\sin\theta+f\cos(\Omega t')$$

这是一个关于 θ 的非线性二次微分方程，可降阶为一次微分方程组：

$$\begin{cases} \dfrac{d\theta}{dt'}=\omega \\ \dfrac{d\omega}{dt'}=-2\beta\omega-\sin\theta+f\cos(\Omega t') \end{cases} \qquad (7-26)$$

无外驱动力时，方程组的右端将不显含时间 t'，此时该系统为自治系统，在二维相空间 (θ,ω) 中的相轨迹将不会相交。但在有周期性外驱动力时，方程组的右侧显含时间 t'，则该系统是一个非自治系统，相轨迹将可以相交，相轨迹的图形也比较复杂。

解析求解该方程组极为困难，甚至是不可能的，故采用数值计算的方法求解。这里包含三个独立参量 β、f、Ω，我们只能对其中的某些取值进行研究，而不可能穷尽地列举。同时，由于相轨迹比较复杂，故而略去起始时的一些暂态过程，而主要关注终态的情况。取定 $\beta=0.025$，$\Omega=0.7$，而 f 分别取以下几种情况的值：从 0.4 到 1.0 之间每隔 0.1 取一个值，它们分别为 0.4，0.5，…，1.0。计算表明，当 f 为 0.4、0.5、0.8 和 0.9 时，其终态均为周期运动，而当 f 为 0.6、0.7、1.0 时，终态的情况非常复杂，从表面上来看，摆的运动似乎没有规律，周期运动永远不会出现。在图 7-22 中，左边的一列图是摆在长时间运动之后角速度 ω 随时间的变化情况(图中已经将暂态过程略去)。中间的图形为相图，从图中可以看到：

① 当 $f=0.4$ 时，摆在平衡位置附近来回振动。

② 当 $f=0.5$、0.8、0.9 与 $f=0.4$ 时不同，在每个周期运动中，既包含平衡位置附近的来回摆动，也包括绕悬柱的旋转。当然这几种情况下，它们的周期也不相同。当 $f=0.4$、0.8 时，周期等于外驱动力周期，当 $f=0.5$ 时，周期为外驱动力周期的 3 倍(常称 3 倍周期)，

当 $f=0.9$ 时为倍周期。

③ 当 $f=0.6$、0.7、1.0 时，相图上的相点永远不重复已有的相轨迹，即不存在周期运动，且在长时间以后，相轨迹布落整个区域，实际上摆的运动进入混沌状态。

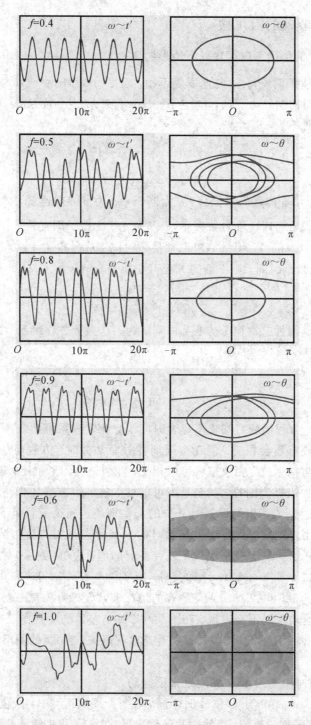

图 7-22　受周期力驱动的阻尼摆的相图

思考题 7-4 天气不可能被准确预测，因为天气是混沌的。Lorenz 系统作为第一个混沌模型，是混沌学发展史上一个重要的里程碑。1963 年，美国气象学家洛伦茨在研究对天气至关紧要的热对流问题时，将描写 Bornad 包对流不稳定方程简化为 Lorenz 系统：

$$\frac{dx}{dt} = -\sigma x + \sigma y$$

$$\frac{dy}{dt} = rx - y - xz$$

$$\frac{dz}{dt} = xy - bz$$

式中：变量 x 正比于大气环流速度，y 正比于上升流体元与下降流体元的温度，z 正比于垂直温度分布与平均温度分布的偏离，σ 为 Prandtl 数，即黏性系数与热导系数之比，r 为瑞利数，b 为量度水平温度结构与垂直温度结构衰减率之差异。利用数值计算的方法求解方程组，将数值模拟结果在 x、y、z 三维相空间中画出，如图 7-23 所示，这是一条在三维空间似乎无序地左右回旋的连续光滑曲线，它并不自我相交，而呈现出复杂的结构纹样。

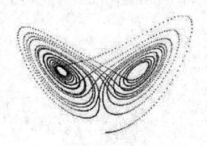

图 7-23 一个形似蝴蝶翅膀的 Lorenz 吸引子

选定 $\sigma=10$，$r=28$，$b=8/3$，$x=y=z=1$，用 Matlab 语言编程获得 x-t 图、y-t 图、z-t 图、x-y 图、y-z 图、x-z 图，观察 Lorenz 吸引子，并阐述图形的特征。试着改变初值，令 $x=y=1$、$z=1.001$，用 Matlab 语言编程获得 x-t 图、y-t 图、z-t 图、x-y 图、y-z 图、x-z 图，观察 Lorenz 吸引子，并阐述图形的特征。

思考题 7-5 大千世界，有热带雨林、温带、冻土带，也有各种各样的鸟兽虫鱼，各种浮游生物，低等的、高等的植物，这些构成了一个相互竞争的局面。20 世纪初出现了一门新的学科——生态学，其目的在于利用物理和数学的方法研究大千世界的物种，以及种群的交互作用和兴衰规律。

根据马尔萨斯的人口和虫口理论，虫口方程可以用最简单的 Logistic 模型表示：

$$x_{m+1} = \gamma x_m (1 - x_m)$$

式中：γ 是与虫口增长率有关的控制参数，其取值范围为 0～5。对于一个 γ 值，步长取为 0.001，任意设定 x_0，由上述方程得到 x_1，再由 x_1 得到 x_2，依此类推，迭代 500 次，可以发现：对于某些 γ 值，可以得到一个稳定的解（1 倍周期，不动点）；某些 γ 值，解在两个数值间跳跃，即 2 倍周期，还会有 4 倍周期、8 倍周期…直至无穷周期到混沌。试用计算机迭代求解方程（Matlab 软件、C++程序），尝试画出 γ-x 图并分析。

思考题 7-6 1984 年，美籍华裔科学家蔡少棠提出了一种典型的混沌电路（Chua 电路)。此电路的制作容易程度使它成为了一个无处不在的现实世界混沌系统的例子。它被首次观察到在电子线路中包含一个非线性元件。通过基尔霍夫结点电流定律,电容 C_1 和 C_2 上的电压、电感 L_1 上的电流强度满足的非线性动力学方程组可表示为

$$C_1 \frac{\mathrm{d}U_{C_1}}{\mathrm{d}t} = G(U_{C_2} - U_{C_1}) + gU_{C_1}$$

$$C_2 \frac{\mathrm{d}U_{C_2}}{\mathrm{d}t} = G(U_{C_1} - U_{C_2}) + i_L$$

$$L \frac{\mathrm{d}i_L}{\mathrm{d}t} = -U_{C_2}$$

式中:U_{C_1}、U_{C_2}、i_L 任何一个量都可以描述系统状态,g 为非线性电阻 R 的伏安特性函数,可调电阻 R_0 的作用是调节两电容的相位差,$G = 1/R_0$ 是电导。试选取合适的参数进行 Matlab 仿真(t - U_{C_1}、t - U_{C_2}、t - i_L 的波形图、U_{C_1},U_{C_2},i_L、U_{C_1} - U_{C_2}、U_{C_2} - i_L、U_{C_1} - i_L 的平面投影结果)。

思考题 7-7　产生混沌的根源是什么? 是否所有的非线性系统都会存在混沌现象?

思考题 7-8　分析蛇形摆的物理原理,并设计制作一个蛇形摆。

第8章 机 械 波

　　粗略地说，波动是振动的传播过程。实际上，人们能够感觉到振动的存在，总是离不开振动的某种传播过程。机械波是机械振动在弹性介质中的传播过程，如绳波、水波、地震波、声波等。人类最早认识和研究的波是机械波中的声波，其传播机理是弹性介质中质元受到由应变产生的应力的驱动，把介质中的振动（局部形变）传播开。在第一次世界大战期间人们就利用大气层低频声波来确定夜间飞行器。电磁波是电磁振动的传播，因频率不同可分成几个区段，如γ射线、X射线、紫外线、可见光、红外线、微波、无线电波（如图8-1所示）。

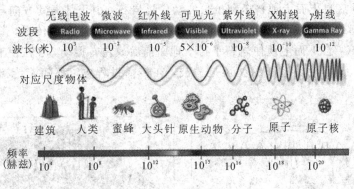

图 8-1 电磁波谱

　　电磁波的传播已经不再需要借助任何介质来实现，它可以在真空中传播。我们日常使用的手机就是一个小型高能电磁波发射器，其工作频率为 890 MHz～965 MHz。电磁波传播的机理是基于电磁感应现象，把电路中局部的电或磁的振动传播开。近代物理指出，微观粒子以至任何物质都具有波动性，这种波叫作物质波。波动是物理学中一种重要的物质运动形式。波场中每一点的物理状态随时间做周期性变化，而在每一个瞬时的波场中各点的物理状态的空间分布也呈现一定的空间周期性。因此，波动具有时空双重周期性，任何复杂的波动都可以表现为这些波的合成。时空双重周期性的运动形式和能量的传输是一切波动的基本特征，不同性质的波在本质上是不相同的，且具有不同形式的波动方程，最基本、最简单的波动方程是平面波、球面波和柱面波。

　　波动的应用相当广泛，如各种无线电通信、光测量、音乐欣赏以及超声波诊断或探伤等。对于不必要的波动干扰（如空中杂散电波对各种电子设备的影响），可以采用吸收或屏蔽的方法来降低或消除。现代隐形飞机在飞机外附加一层特殊材料，它对雷达波段的无线电波有强烈的吸收作用，且极少有反射，从而使隐形飞机在接收雷达反射波的屏幕上的图像变得模糊，甚至消失。高级音乐厅的墙壁上或空中往往设置足够大面积的吸音板，用以控制乐音的抑扬时间，提高音响质量。

　　本章以机械波为例，讨论波动的基本运动规律。首先介绍平面简谐波的波函数，并以简单的绳波为例展开讨论，便于读者理解一般意义上的波；然后讲述波的叠加——驻波；最后介绍声波和电磁波的多普勒效应。

8.1　地震波的产生与传播

在汶川大地震中，震源位于龙门山下 14 km，周围全是岩石，震源的振动以岩石和大地为介质进行传播而产生地震波。在成都和龙门山脉之间有一个相对松软的沉积物填充的坳陷地带，它能迅速衰减来自龙门山脉的地震波对成都的冲击，这就是成都离震中如此之近却几乎完好无损的原因。

在短暂的应力作用下，地球介质可以看作弹性体。当地内发生任何扰动(如地震或人工爆破)时，一部分能量以弹性波的形式传播出去。地震波在地壳内部和地球表面迅速向周围传播。地震波在岩石中传播时，一般同时存在纵波和横波两种模式(如图 8-2 所示)。纵波(S 波)从地底自下而上地挤压和拉长波动穿过岩石，由于其振动方向与波传播的方向平行，由此引起的大地振动比较弱。横波(P 波)则通过剪切岩石而传播，其振动方向与波传播的方向垂直，自下而上地使岩石平行于地面前后或左右振动，往往使地面的人感觉到前后或左右晃动。不论是地震纵波还是横波，在传播过程中，都随着传播距离的增加而减小。

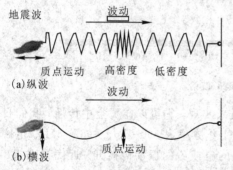
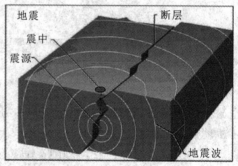

图 8-2　纵波和横波

以机械波为例，在介质弹性恢复力的作用下，波源(振源)的振动引起毗邻介质层的振动，振动的介质层又引起与之邻近的介质层的振动，这样，波源的振动相位就由近及远地传播开去。在波的传播过程中，介质中各质点都在各自的平衡位置附近振动而不沿着波传播的方向进行定向流动。波是振动相位的传播过程。

将闹钟置于玻璃罩内，缓缓抽出空气，嘀哒声逐渐减弱直至消失。这说明机械波形成需要两个条件：振源和传播振动的介质。波是振动在介质中的传播。波源和介质中各质元都做简谐振动的波称为简谐波。波面是平面的简谐波称为平面简谐波。同一波面上任何质点的振动都相同，因而某一波线上各质点的振动情况代表着整个平面波的情况。

如图 8-3 所示，设 X 轴为波线，质点的平衡位置用 x 表示，质点的位移用 y 表示，周期为 T，波长为 λ，波速为 $u=\lambda/T$(波速又称相速度，振动状态或振动相位的传播速度)，初相为 φ。

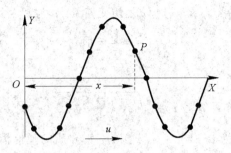

图 8-3 平面简谐波

设 $x = x_0$ 处的振动方程为

$$y_{x_0} = A\cos\left(2\pi\frac{t}{T} + \varphi\right)$$

若波沿 X 轴正向传播,如图 8-3 所示,在波线 OX 轴上任取一点 P,P 点到原点 O 的距离是 x,P 点的起振时间比 O 点落后 $\dfrac{x-x_0}{u}$,相位落后 $\dfrac{2\pi}{T}\dfrac{x-x_0}{u}$,即 O 点的相位传到 P 点所需的时间是 $\Delta t = \dfrac{x-x_0}{u}$,$t$ 时刻 P 点的相位与 $t - \dfrac{x-x_0}{u}$ 时刻 O 点的相位相同,于是 P 点的振动方程为

$$y(x, t) = A\cos\left[\frac{2\pi}{T}\left(t - \frac{x-x_0}{u}\right) + \varphi\right] \tag{8-1}$$

上式是平面简谐波沿 X 轴正向传播的波动方程。

若波沿 X 轴负方向传播,则波动方程为

$$y(x, t) = A\cos\left[\frac{2\pi}{T}\left(t + \frac{x-x_0}{u}\right) + \varphi\right] \tag{8-2}$$

质点振动的速度 v 和加速度 a 分别为

$$v = \frac{\partial y}{\partial t} = -\frac{2\pi A}{T}\sin\left[\frac{2\pi}{T}\left(t + \frac{x-x_0}{u}\right) + \varphi\right]$$

$$a = \frac{\partial^2 y}{\partial t^2} = -\left(\frac{2\pi}{T}\right)^2 A\cos\left[\frac{2\pi}{T}\left(t + \frac{x-x_0}{u}\right) + \varphi\right]$$

由此看出:介质质点的振动速度为 $v = \dfrac{\mathrm{d}y}{\mathrm{d}t}$,与波速 $u = \dfrac{\mathrm{d}x}{\mathrm{d}t}$ 是两个不相同的概念,在各向同性的介质中,质点的振动速度是不断变化的,而波速的大小却保持不变。

将 y 对 t 和 x 求二阶偏导数可得到

$$\frac{\partial^2 y}{\partial x^2} = \frac{1}{u^2}\frac{\partial^2 y}{\partial t^2} \tag{8-3}$$

任何物理量只要满足这个方程,这一物理量就是以波的形式传播的。波的传播速度就可以由式(8-3)的系数求得。

成都市距离映秀镇 73 km,地震发生的时刻是 2008 年 5 月 12 日 14 时 28 分 04 秒。纵波的传播速度为

$$v_s = \sqrt{\frac{G}{\rho}}$$

此速度较快，一般为 $5\sim 6$ km/s。式中 G 是切变模量，ρ 为密度。纵波传播的时间为

$$t_S=\frac{s}{v_S}=\frac{73}{5}=14.6 \text{ s}$$

横波的传播速度为

$$v_P=\sqrt{\left(K+\frac{4}{3}G\right)\bigg/\rho}$$

此速度比较慢，一般为 $3\sim 4$ km/s。式中 K 为介质的弹性模量。一般来说，同一固体的弹性模量大于切变模量，因而纵波速度大于横波速度。横波传播的时间为

$$t_P=\frac{s}{v_P}=\frac{73}{3}=24.3 \text{ s}$$

因此，汶川发生大地震后，成都市民应该在 14 时 28 分 20 秒左右感觉到地震的发生，但实际上成都市民感觉到地震的时间比这个时间点晚，因为地震波传播的速度受到很多因素的影响，如岩石的体积模量、剪切模量、离地深度等，实际传播速度比理论值小。由于纵波在地球内部的传播速度大于横波，因此地震时，纵波总是先到达地表，而横波总是落后一步。这样，发生较大近震时，一般人先感觉到上下颠簸，数秒到十几秒后才感觉到有很强的水平晃动。

由于波的传播过程也是能量的传播过程，根据"里氏震级"计算公式 $M=0.67\lg E-2.9$，汶川地震的强度是 8.0 级，地震释放的能量应该为 6.3×10^{16} J，相当于 10 亿吨 TNT 炸药爆炸释放的能量，或相当于 47 600 颗被投在日本长崎的原子弹能量。地震传到成都时强度已经减小到 5.6 级，地震在成都释放的能量约为 1.58×10^{13} J，是汶川释放能量的 1/4000。因此，成都虽然有强烈的震感，但地震并未造成巨大的损害。

1949 年至今，因地震造成的死亡人数占我国所有自然灾害死亡人数的 54% 以上。如果充分利用纵波和横波速度间的时间差，就可以向周边民众及时发出提醒。数据显示，如果预警时间为 3 s，人员伤亡能够减少 14%；如果预警时间为 10 s，人员伤亡能够减少 39%；如果预警时间为 60 s，人员伤亡能够减少 95%。

思考题 8-1　纵波和横波，哪个更容易让房屋倒塌？

思考题 8-2　为什么说地震来时有个黄金逃生时间？

我们知道，现在最深的钻孔也只有 10 km 的量级，可以观测到的地下的深度很小。如果要探测更深的区域，必须借助间接的方法。如图 8-4 所示，通过研究，人们发现地球内部是分层的，最突出的一点，是在 2900 km 的深度上，地震 P 波的速度陡然下降，而 S 波却消失不见了。这表明，在此深度上有一个物理性质的间断面。通常把此面以上的部分叫作"地幔"，以下的部分叫作"地核"。此外，在地下几十千米的深处，地震波速突然增大，这个间断面叫作"莫霍界面"。莫霍界面以上的部分叫作"地壳"，以下的部分是地幔。"地壳"一词并不确切，20 世纪末，人们以为地球内部是熔融的液体，表面上凝固着一层硬壳。现在我们知道，地球内部比刚还硬。地壳的厚度在全球各个地方是不一样的，平均厚度为 35 km。我国青藏高原下面的地壳厚度为 65 km 以上。海洋下面的地壳只有 $5\sim 8$ km。与地幔相比，地壳的厚度薄得像张果皮。地壳、地幔和地核是构成地球的三大部分，它们所占的体积分别为 0.5%、83.3% 和 16.2%。在地核边界这一陡变的间断面上，可以清晰地产生反射

的 P 波和 S 波，但折射的只有 P 波。这表明，地核内的物质处于液态。折射现象在地面上离震中 105°～142°的区间造成明显的影区，这是存在物理间断面的明显证据。约在 5000 km 之下尚有一个可传播 S 波的固态内核。

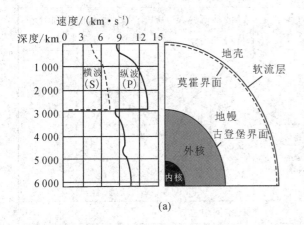
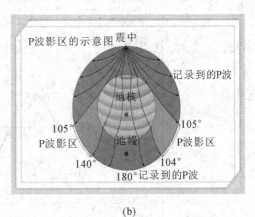

(a)　　　　　　　　　　　　　　　　　　(b)

图 8-4　地壳

2015 年 3 月，美国普林斯顿大学的科学家对地震进行监测，利用检测到的地震波绘制出了迄今为止精确度最高的地球内部模拟图，揭示了地壳与外壳之间的层——地幔。如图 8-5 所示，太平洋下方的地幔，较慢的地震波呈红色和橙色，较快的地震波呈绿色和蓝色。

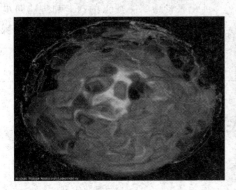
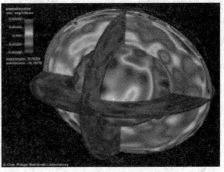

图 8-5　地球内部地震波模拟图

例题 8-1　在海岸抛锚的船因海浪传来而上下振荡，振荡周期为 4.0 s，振幅为 60 cm，传来的波浪每隔 25 m 有一波峰。求：(1)海波的速度；(2)海面上水的质点做圆周运动的线速度。

解　(1)
$$u = \frac{\lambda}{T} = \frac{25}{4} = 6.25 \text{ m/s}$$

(2)
$$v_{max} = \frac{2\pi A}{T} = \frac{2\pi \times 60}{4.0} = 0.94 \text{ m/s}$$

可以发现，横波传播能量的速度可以比介质质元自身的运动速度大很多。

思考题 8-3　解释先看到闪电后听到雷声的原因。

振动与波动的区别见表 8-1 所列。

表 8 - 1　振动与波动的区别

区别	振 动 图 像	波 动 图 像
研究对象	简谐运动研究一个质点	简谐波研究沿波传播方向上所有的质点
研究内容	振动研究一个质点的位移随时间的变化规律	波动研究某一时刻所有质点的空间分布规律
图形		
横坐标	时间	空间位置
物理意义	表示一个质点在各个时刻的位移	表示某时刻各个质点的位移
图像变化	已有的形状不变	沿波的传播方向平移,图像随时间发生变化
横坐标上两同相点的距离	表示周期 T	表示波长 λ
能量	简谐振子是一个孤立系统,振子动能最大时,势能最小,能量总是在动能和势能之间转换,总的机械能守恒。	波动中每一质点的动能和势能同步而且相等。在波的传播过程中,介质一层接着一层地振动,从而使能量逐层地传播出去,波动的传播过程也就是能量的传播过程。

*8.2　"无声"手枪的消声原理

在电影里出现"无声手枪"的经典画面通常是:在某个城市人流如织的大街上,一个西装革履的人悄悄拿出一只小巧的手枪,信步走到另一个人身边,随着"扑哧"一声,对方应声倒地,持枪者悄声逃逸,当周围的人发现时,顿时场面一片混乱。然而在实际生活中,只有侦察兵和特工人员在执行特殊任务时才会使用"无声手枪"。那么"无声手枪"又是如何实现消声的?

我们知道,当外界的声波经过外耳道传到鼓膜,鼓膜的振动通过听小骨传到内耳,刺激了耳蜗内对声波敏感的感觉细胞,这些细胞就将声音信息通过听觉神经传给大脑的一定区域,人就产生了听觉。声波的频率范围大致为 $10^{-4} \sim 10^{12}$ Hz,而普通人耳只能听到频率为 $20 \sim 2 \times 10^4$ Hz 的信号。频率在 $2 \times 10^4 \sim 10^{12}$ Hz 以上的超声波和 $10^{-4} \sim 20$ Hz 的次声波都听不到。狗、大象和鲸鱼都可以听到次声波,只有极少部分人像电视剧《暗算》里的"顺风耳"一样能侦听出常人所不能分辨的信号。

声波在传输过程中伴随有能量的传播,《最强大脑》节目中表演者给大家展示了通过发声就可以将酒杯震碎的场景(如图 8-6 所示)。消声手枪通常使用速燃火药,燃烧速度快、过程短,于是在射击时听到的声音很小。消声手枪从制造形式上分为三种:一是利用特殊消声子弹进行消声,如俄罗斯 MSP 和 S-4M 消声手枪;二是中国造的 64 和 67 式无声手枪;三是外接消声管型,如德国 HK MK.23 和俄罗斯 APB/6P13 消声手枪等,现在世界上大多数手枪采取这种方式消音。实际上,枪声混杂着不同频率的声音,每个频率需要的消声长度 Δl 又各不相同,通过一次干涉相消很难达到完全消声的目的。为了加强"消声"的效果,所有消声器往往都是由很多 Δl 不同的消声单元串联而成。人们可以控制消声套筒的长度,通过声波的干涉相消而使枪变得"微声",这就是干涉消声的原理。

图 8-6　酒杯震碎

图 8-7 所示的是隔板式消声筒。消声筒除了前端有消音装置外,套在枪管上的后半部分还开有一些微型排气孔,可导出枪膛内的一部分气体,以减少枪口处的气体压力。枪口喷出的高压气体不直接在空气中膨胀,而是进入消声筒,筒内装有十来个串在一起的碗形隔板,高压气体每碰到一个隔板时便会膨胀一次,同时消耗掉一部分能量。大部分能量被吸收消耗,所剩气体喷出套筒时,压力和速度都很低。

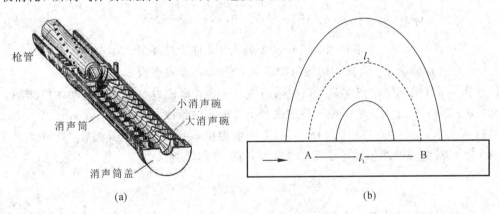

枪管　消声筒　小消声碗　大消声碗　消声筒盖

(a)　　　(b)

图 8-7　隔板式消声筒

下面从波的叠加原理出发,应用同方向、同频率振动合成的结论,来讨论干涉现象的产生并确定干涉相长和干涉相消的条件。

设 S_1、S_2 发出的两列相干波在 P 点相遇,S_1、S_2 的振动方程分别为

$$y_1 = A_1\cos(\omega t + \varphi_1)$$
$$y_2 = A_2\cos(\omega t + \varphi_2)$$

P 点到 S_1、S_2 的距离分别为 r_1、r_2，两列波在 P 点引起的振动方程分别为

$$y_1 = A_1 \cos\left(\omega t + \varphi_1 - \frac{2\pi r_1}{\lambda}\right)$$

$$y_2 = A_2 \cos\left(\omega t + \varphi_2 - \frac{2\pi r_2}{\lambda}\right)$$

合成后的振动方程为

$$y = y_1 + y_2 = A\cos(\omega t + \varphi)$$

式中 A、φ 分别为合振动的振幅、初相

$$A = \sqrt{A_1^2 + A_2^2 + 2A_1 A_2 \cos\left(\varphi_2 - \varphi_1 - 2\pi\frac{r_2 - r_1}{\lambda}\right)}$$

$$\tan\varphi = \frac{A_1 \sin\left(\varphi_1 - \frac{2\pi r_1}{\lambda}\right) + A_2 \sin\left(\varphi_2 - \frac{2\pi r_2}{\lambda}\right)}{A_1 \cos\left(\varphi_1 - \frac{2\pi r_1}{\lambda}\right) + A_2 \cos\left(\varphi_2 - \frac{2\pi r_2}{\lambda}\right)}$$

两分振动之间的相位差 $\Delta\varphi = (\varphi_2 - \varphi_1) - 2\pi\frac{r_2 - r_1}{\lambda}$ 是一个常数，因而使合振幅 A 不随时间变化。若 $\varphi_2 = \varphi_1$，则 $\Delta\varphi = 2\pi\frac{r_1 - r_2}{\lambda}$，即相位差只与波程差 $r_2 - r_1$ 有关。

(1) 当相位差满足

$$\Delta\varphi = (\varphi_2 - \varphi_1) - 2\pi\frac{r_2 - r_1}{\lambda} = \pm 2k\pi \quad (k = 0, 1, 2, \cdots) \tag{8-4}$$

时，$A_{\max} = A_1 + A_2$，相应位置处合振动振幅最大，即干涉相长。

(2) 当相位差满足

$$\Delta\varphi = (\varphi_2 - \varphi_1) - 2\pi\frac{r_2 - r_1}{\lambda} = \pm(2k+1)\pi \quad (k = 0, 1, 2, \cdots) \tag{8-5}$$

时，$A_{\min} = |A_1 - A_2|$，相应位置处合振动振幅最小，即干涉相消。

(3) 在其他情况下，合振幅的数值则在最大值 $A_{\max}$ 和最小值 $A_{\min}$ 之间。

这样，干涉的结果使空间某些点的振动始终加强，而使另一些点的振动始终减弱。式 (8-4) 和式 (8-5) 分别为相干波干涉加强和干涉减弱的条件。

枪声频率 $\nu_{\min} = 300$ Hz，$\nu_{\max} = 400$ Hz。声波速度 $u = 340$ m/s。开枪后，枪声经管道到达 A 点，然后分成两路传播，最后又在 B 点相遇，则有

$$\lambda_{\max} = \frac{u}{\nu_{\min}} = 1.13 \text{ m}, \quad \lambda_{\min} = \frac{u}{\nu_{\max}} = 0.85 \text{ m}$$

若要消除枪管膛口的枪声，声音经 l_1、l_2 相遇时，应该满足干涉相消条件。消声器中各个消声器单元弯管与直管的长度差为

$$\Delta l = l_1 - l_2 = (2k+1)\frac{\lambda}{2} \quad (k = 0, 1, 2, \cdots)$$

为使消声器最短，取 $k = 0$，则

$$\Delta l = l_1 - l_2 = \frac{\lambda}{2}$$

$$\Delta l_{\min} = \frac{\lambda_{\min}}{2} = 0.425 \text{ m}, \quad \Delta l_{\max} = \frac{\lambda_{\max}}{2} = 0.565 \text{ m}$$

思考题 8-4 利用干涉理论分析汽车发动机消声的工作原理。

*8.3 音乐与驻波

从物理角度来看，音乐实质上就是一种声波。乐音并不是单一频率的。除了决定音调的基音之外，还有决定音色的泛音。钢琴和小提琴可以弹奏出相同的音调，但是它们的音色却不相同。乐器的机理就是共振。乐器振动发声时，由振动的弦(如琴弦、人的声带等)、振动的空气柱(如风琴管、单簧管等)、振动的板与振动的膜(如鼓、扬声器等)等产生机械波。

自然界真的很奇妙，声音不仅可以通过耳朵感受到，还可以通过眼睛看见，它是一系列几何对称的美妙图形。你一定不相信吧？17 世纪，德国物理学学家克拉尼(E. Chladni)为我们揭开了这个秘密。他在铺上沙子的黄铜盘上用小提琴的弓去敲打，根据弓在铜盘边缘敲打位置的不同，产生出不同形状的几何图形，即克拉尼图形(如图 8-8 所示)。利用该图形可以说明乐器的工作原理以及如何对乐器质量进行检验。接着，他又在管风琴音管中充入了不同的气体，通过琴音管发出音调的高低算出了各管里气体的声速。因为音高是由气柱的自由振动决定的，而此振动又取决于构成气体的分子的固有运动性，据此推断出：每一种声波振动都具有一定的速度并有相应的图案。

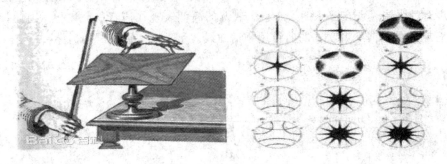

图 8-8 克拉尼图形

思考题 8-5 克拉尼图形也可以应用于物体表面密度分布、表面应力分布和对缺陷进行定位。克拉尼板的厚度与均匀性会影响图形吗？琴弦放置的位置会影响图形吗？如果把细沙换成海盐(质量不同，颗粒大小不同)，分析克拉尼图案的分布规律(波腹和波节)，并将其与振动的模式联系起来。

思考题 8-6 利用计算机数值仿真克拉尼图形(528 Hz)。

思考题 8-7 利用信号发生器、导线、克拉尼板以及弦线实验演示克拉尼图形。

到了 19 世纪后半叶，有物理学家注意到了火焰、供气压力和空气中声波之间的关系。1904 年，鲁本斯做出了第一根 4 m 长的鲁本斯管(如图 8-9 所示)，在上面等距离地钻出了一排小孔，然后在管内通上可燃的煤气并在另一端导入音波。这样的管子其实是一个共振腔。如果导入的是固定频率的音波，就会在管内形成驻波。驻波密集处气压较高，从该处的小孔喷出的煤气较快，点燃以后火焰较高。驻波稀疏处气压较低，从该处的小孔喷出的煤气较慢,点燃后火焰较低。由此形成随管内声音驻波分布高低变化的周期性火焰驻波。如果导入的不是固定频率的音波,而是变化多端的音乐,我们就能看到管上的火焰随着音乐的节奏跳舞了。

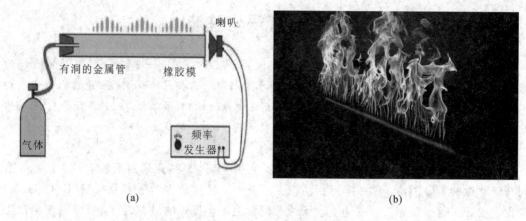

(a)　　　　　　　　　　　　　　　　　　(b)

图 8-9　鲁本斯管

思考题 8-8　音色对驻波有影响吗? 音调高低对驻波有影响吗? 音乐节奏的快慢对驻波有影响吗? 试阐述火焰跳跃的快慢与何因素有关?

思考题 8-9　利用已有的实验室条件,设计一个火焰驻波演示仪。

1969 年以后,Bell 实验室开始研究数字语音技术。由于声音在时间和振幅上是连续分布的,声音的强弱表现在声压的大小上,音调的高低表现在声音的频率上,因此,我们可以通过音频软件将演奏者吹奏的曲目用频谱曲线表示出来,如图 8-10 所示。

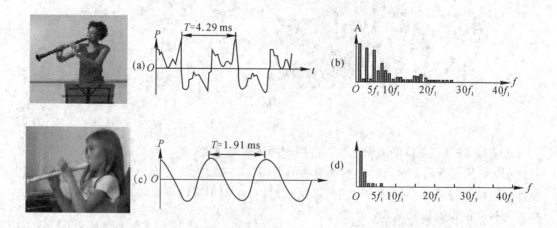

图 8-10　借用音频软件将演奏者吹奏的曲目用频谱曲线表示出来

当外界驱动源以某一频率激起乐器振动时,如果这一频率与乐器的某个简正模式的频率相近,就会激起强驻波。大型室内空间(影院、礼堂等)的设计必须考虑到驻波。音乐厅(卡拉 OK 室或歌舞厅)通常都放置茶几、酒吧桌、沙发等家具,这些家具有吸收、打散驻波的效用。

下面从两列相向而行的波的叠加出发,应用不同方向、同频率振动合成的结论,来讨论驻波的产生并确定波腹和波节的位置。

　　介质的密度为 ρ，波速为 u，定义 ρu 较大的介质为波密介质，ρu 较小的介质为波疏介质。当波从波疏介质传到波密介质时，波在固定端反射形成波节。两列波在界面上始终为干涉相消，反射处反射波与入射波的相位相反，即反射处 $\varphi_2 - \varphi_1 = \pi$，相当于损失了半个波长，故称为半波损失。当波从波密介质传到波疏介质时，波在固定端反射形成波腹。两列波在界面上始终为干涉相长，反射处反射波与入射波的相位相同，即反射处 $\varphi_2 - \varphi_1 = 0$，没有半波损失。

　　如图 8-11 所示，已知入射波沿 X 轴正向传播，其波函数为

$$y_1 = A\cos\left(2\pi\frac{t}{T} + \varphi_1 - 2\pi\frac{x}{\lambda}\right)$$

反射波沿 X 轴负向传播，其波函数为

$$y_2 = A\cos\left(2\pi\frac{t}{T} + \varphi_2 + 2\pi\frac{x}{\lambda}\right)$$

利用三角函数关系，合成驻波的波函数为

$$y = y_1 + y_2 = 2A\cos\left(\frac{2\pi x}{\lambda} + \frac{\varphi_2 - \varphi_1}{2}\right)\cos\left(2\pi\frac{t}{T} + \frac{\varphi_2 + \varphi_1}{2}\right) \tag{8-6}$$

波节的位置：

$$\left|\cos\left(\frac{2\pi x}{\lambda} + \frac{\varphi_2 - \varphi_1}{2}\right)\right| = 0,\ x = \pm\frac{(2k+1)\lambda}{4} - \frac{(\varphi_2 - \varphi_1)\lambda}{4\pi},\ k = 0, 1, 2\cdots \tag{8-7}$$

波腹的位置：

$$\left|\cos\left(\frac{2\pi x}{\lambda} + \frac{\varphi_2 - \varphi_1}{2}\right)\right| = 1,\ x = \pm\frac{k\lambda}{2} - \frac{(\varphi_2 - \varphi_1)\lambda}{4\pi},\ k = 0, 1, 2\cdots \tag{8-8}$$

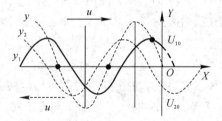

图 8-11　驻波

　　在驻波中同一段上各质点的振动相位相同，而相邻两段中各质点的振动相位相反。在每一时刻，驻波都有一定的波形，但波形既不向左移，也不向右移，各点以确定的不同振幅在各自的平衡位置附近振动。势能集中在波节附近，动能集中在波腹附近。

　　驻波最早的应用起源于中国。古代脸盆称为"洗"，盆底刻有"鱼纹"的称为"鱼洗"，刻"龙纹"的称为"龙洗"。"鱼洗"在先秦时期已被普遍使用，而能喷水的铜质鱼洗大约出现在唐代。如图 8-12 所示，鱼洗带有两个耳把，两只手反复摩擦洗耳时，洗壁会随着摩擦而产生对称的振动。当摩擦力引起的振动频率和洗壁的故有频率相近时，洗壁产生共振，振动幅度急剧增大。由于洗底的限制，它所产生的波动不能向外传播，于是在洗壁上入射波与反射波相互叠加形成驻波。在洗的振动波腹处，水的振动也最强烈，不仅形成水浪，甚至

喷出水珠；在洗的振动波节处，水不发生振动，浪花、气泡和水珠都停在不振动的水面波节线上。因此，在观赏鱼洗喷水表演时，看到鱼洗水面有美丽的浪花和喷射飞溅的水珠，同时鱼洗发出嗡嗡声响。

(a) (b)

图 8 - 12 鱼洗

思考题 8 - 10 分析鱼洗水花四溅的物理原理及其所处的共振模式。

驻波可以分为一维驻波、二维驻波以及三维驻波，最常见的一维驻波通常表现为两端固定或者一端固定的弦线的振动。二维驻波是吉他和锣鼓等乐器的表面振动。

8.3.1 弦乐器

将一根弦的两端用一定的张力固定在相距为 L 的两点间，当拨动弦时，弦中就产生来回的波，它们合成后形成驻波。改变弦的张力，就能改变波在弦上的传播速度。如图 8 - 13 所示，对两端固定的弦，当距一端 L/n 的点受击而振动时，波节点所对应的那些简正模式(如 n 次，$2n$ 次，…，谐频)就不出现。小提琴演奏者的手指触压弦的不同部位，这个过程实质上是通过改变琴的长度来改变产生驻波的频率，从而改变声音的音调，以至达到演奏的效果。弦在发声的时候不但要横向震动(垂直于弦的方向)，产生横波，并且来回反复形成驻波。因为弓和弦的摩擦，对弦产生一种扭弦力，使它在震动的同时发生横截面上的形变。这个扭弦力的方向决定了震动时一部分泛音的频率和音色，因此，角度不同，音色也会不同。

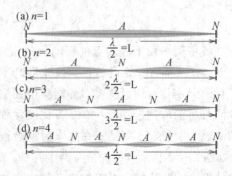

图 8 - 13 弦乐器与驻波

假设 L 为弦长，λ 为波长，n 为驻波的个数，则驻波的波长必须满足下列条件：

$$L = n\frac{\lambda}{2}, \ n = 1, 2, \cdots$$

若 λ_n 表示某一 n 值对应的波长，则容许的波长为

$$\lambda_n = \frac{2L}{n}, \ n = 1, 2, \cdots$$

设 u 为弦振动的本征频率，每一频率对应于一种可能的振动方式，称为弦线振动的简正模式，且

$$f_n = n\frac{u}{2L} = nf_1$$

其中最低频率称为基频或者基音，它决定了声音的音调，且

$$f_1 = \frac{u}{2L} = \frac{1}{2L}\sqrt{\frac{F}{\mu}}$$

其中，F 为杨氏模量，其他较高频率 f_2、f_3、$\cdots$ 都是基频的整数倍，称为泛音。泛音的频率和强度决定声音的音色，基音和泛音通称谐音。

例题 8-2 一把吉他的弦波，振幅为 $A = 7.50 \times 10^{-4}$ m，频率为 $f = 440$ Hz，波速为 $u = 143$ m/s，求：(1) 吉他弦的波动方程；(2) 波节点。

解 (1) 角频率为

$$\omega = 2\pi f = 2763 \ \text{rad/s}$$

波数为

$$k = \frac{\omega}{u} = 19.3 \ \text{rad/m}$$

驻波振幅为

$$A_{sw} = 2A = 1.50 \times 10^{-3} \ \text{m}$$

弦的波动方程为

$$y(x, t) = (A_{sw}\sin kx)\sin\omega t = [1.50 \times 10^{-3}\sin(19.3x)]\sin(2763t)$$

(2) 波节点的位置为

$$x = 0, \ \frac{\lambda}{2}, \ \frac{3\lambda}{2}, \cdots$$

波长为

$$\lambda = \frac{u}{f} = 0.325 \ \text{m}$$

波节点处于

$$x = 0, \ 0.163 \ \text{m}, \ 0.488 \ \text{m}, \cdots$$

8.3.2 管乐器

管乐器中管内的空气柱、锣面、鼓皮等也都是驻波系统，它们振动时也同样有相应的简正模式和共振现象，但其简正模式要比弦的简正模式复杂很多，如图 8-14 所示。

驻波的波长必须满足下列条件：

$$L = n\frac{\lambda}{4}, \ n = 1, 2, \cdots$$

容许的波长为

$$\lambda_n = \frac{4L}{n}, \ n = 1, 2, \cdots$$

简正模式频率为

$$f_n = n \frac{u}{4L} = n f_1$$

基频为

$$f_1 = \frac{u}{4L}$$

其他谐频 f_2、f_3、…都是基频的整数倍。

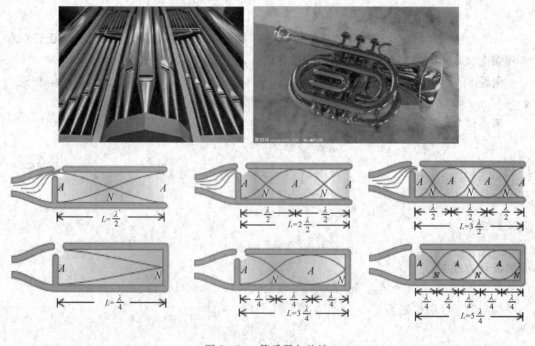

图 8-14 管乐器与驻波

驻波的波长由管中空气柱的长度决定,笛子的音孔、铜管乐器的活塞都是用来调节空气柱长度的。空气柱越长,驻波频率越低,音调也越低;空气柱越短,驻波频率越高,音调也越高。

思考题 8-11 分析乐器产生丰富多彩音色的物理原理。

8.4 多普勒效应及其应用

开车行驶在公路上,打开车载电子狗 GPS 导航仪,它会时不时地提醒你:前方有监控,你已超速。很多人都收到过超速罚单,那么测速仪又是如何准确地监测车速的呢?

1842 年的某一天清晨,奥地利物理学家多普勒(C. J. Doppler)像往常一样跟女儿一起散步，经过火车站时，恰巧有一列行驶的火车即将进站。他发现：当火车靠近他时，汽笛声听起来比较尖锐；而火车远离他时，汽笛声听起来就比较低沉。由此得出：因波源（或观察者）相对于介质的运动，接收器接收到的波的频率会有所变化。在日常生活中，当警车、消防车从我们身边经过，飞机从我们头顶上方经过时，我们都能深刻地体会到多普勒效应。

8.4.1　多普勒效应

接下来，我们就来分析一下波源和接收器发生相对运动时，接收器接收到的波的频率的变化。分以下三种情况进行讨论。

1. 波源静止，接收器运动

如图 8-15 所示，一静止波源，发射出的波的频率为 ν_S，波速为 u_S，接收器接收到的波长为 $\lambda_W = \dfrac{u}{\nu_S}$。接收器靠近波源时，在单位时间内波向右传播了 u 的距离，同时观察者向左运动了 v_R 的距离，这就相当于波通过静止不动的接收器的距离为 $u+v_R$；或者说，在接收器看来，波以 $u+v_R$ 的速度向其传来，而波长则不变。接收器接收到的波的频率为

$$\nu_R = \frac{u'}{\lambda_W} = \frac{u+v_R}{u}\nu_S > \nu_S$$

频率变大。

接收器远离波源时，接收器接收到的波的频率为

$$\nu_R = \frac{u'}{\lambda_W} = \frac{u-v_R}{u}\nu_S < \nu_S$$

频率变小。

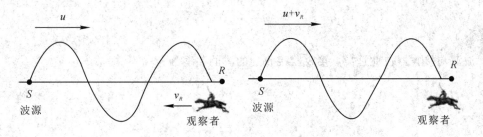

图 8-15　波源静止，接收器运动

2. 接收器静止，波源运动

如图 8-16 所示，当波源运动时，介质中的波长将发生变化。设波源向着观察者运动，波源在运动中仍按自己的频率发射波，在一个周期 T_S 内，波在介质中传播的距离为 $\lambda_W = uT_S$，完成了一个完整波的波形，而波源位置由 S 移到 S'，移过的距离为 $v_S T_S$。

波源靠近接收器时，接收器接收到的波的波长变为

$$\lambda = \frac{u-v_S}{\nu_S} < \lambda_W$$

波长变短。

接收器接收到的波的频率为

$$\nu_R = \frac{u}{\lambda} = \frac{u}{u - v_S} \nu_S > \nu_S$$

频率变大。

同理,波源远离接收器时,接收器接收到的波的波长变为

$$\lambda = \frac{u + v_S}{\nu_S} > \lambda_W$$

波长变长。

接收器接收到的波的频率为

$$\nu_R = \frac{u}{\lambda} = \frac{u}{u + v_S} \nu_S < \nu_S$$

频率变小。

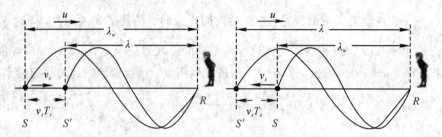

图 8-16　接收器静止,波源运动

3. 波源运动,接收器也运动

波源与接收器彼此靠近,接收器接收到的波的频率为

$$\nu_R = \frac{u + v_R}{u - v_S} \nu_S > \nu_S \tag{8-9}$$

频率变大。

波源与接收器彼此远离,接收器接收到的波的频率为

$$\nu_R = \frac{u - v_R}{u + v_S} \nu_S < \nu_S \tag{8-10}$$

频率变小。

*8.4.2　多普勒效应的应用

多普勒效应适用于各种波,在交通测速、三维彩照、卫星多普勒定位以及声呐系统中都有广泛的应用。

1. 雷达波的多普勒效应——交通测速

前面提到了测速仪测速利用了多普勒效应,接下来我们分析一下它的工作原理。

如图 8-17 所示,交警查超速主要有两种方法:一是雷达波测速,二是摄像机测速。雷达波测速主要用于流动测速,配合摄像机拍号牌,主要用于高速及无固定测速路段,其原理就是测速机发射某频率雷达波,锁定行驶的车辆,通过雷达波反射测定车速。此类测速较隐蔽,通常以流动测速车停在高速的临时停车处为主,也有通过手持测速仪隐藏在树后。摄像机测速是固定测速,原理就是当车通过该摄像机摄像区时,利用通过车辆的位移

及时间来测定车速。此类测速基本都很醒目(当然少数也很隐蔽),由于条件的限制,摄像机的灵动性较差。公路检查站上警察大都用多普勒雷达测速仪测量来往汽车的速度。另外,雷达测速设备也可以直接安装在巡逻车上,是"流动电子警察"非常重要的组成部分。

(a)　　　　　　　　　　　　　(b)

图 8 - 17　多普勒测速仪

设雷达波的传播速度为 $u = 3 \times 10^8$ m/s,测速仪发射的雷达波频率为 $\nu_S = 5.0 \times 10^{10}$ Hz,汽车行驶速度为 v,汽车接收到的雷达波(相当于波源静止,接收器运动)的频率为

$$\nu_L = \frac{u+v}{u} \nu_S$$

测速仪接收到的由汽车反射回来的雷达波(相当于接收器静止,波源运动)的频率为

$$\nu_L' = \frac{u}{u-v} \nu_L = \frac{u+v}{u-v} \nu_S$$

发射波与接收波形成的拍频为

$$\Delta \nu = |\nu_L' - \nu_S| = \frac{2v}{u-v} \nu_S \approx \frac{2v}{u} \nu_S = 1.1 \times 10^4 \text{ Hz}$$

汽车的速度为

$$v \approx \frac{\Delta \nu}{2\nu_S} u = \frac{1.1 \times 10^4}{2 \times 5.0 \times 10^{10}} \times 3 \times 10^8 = 119 \text{ km/h} > 100 \text{ km/h}$$

由此判断出该汽车超速行驶。

如图 8 - 18 所示,在电影《速度与激情 3》中有这样一个场景:一名警察手持一台激光测速仪,对过往的车辆进行测速。当一辆开得非常快的出租车经过时,这台激光测速仪爆炸了。当然,在实际生活中绝不可能出现这种情况。激光测距是通过对被测物体发射激光光束,并接收该激光光束的反射波,记录该时间差,来确定被测物体与测试点的距离。通过以固定间隔发射两次红外线光波,测量红外线光波在设备与目标之间的传送时间,根据光速不变原理,可得出两个距离,利用其差值除以发射时间间隔即可得出目标的速度。为了测量得更精确,一般激光测速仪都会在一秒内发射高达上千组脉冲波来测算平均值。激光束还会对人体的眼睛有伤害,使用时必须人工操控。

气象学上,把运动的汽车换成了运动的云层,利用多普勒效应可以有效地监测云层的运动状态。

天文学上,把运动的汽车换成了运动的天体,根据光波的多普勒效应,当天体远离地球时,它发出的光波会被拉伸,波长向红端偏移,简称红移。星系红移观测是大爆炸理论最早也最直接的观测证据,它帮助哈勃望远镜发现了宇宙膨胀现象。美国科学家在 2014 年

3月17日宣布首次发现了宇宙大爆炸的直接证据——原初引力波。

图 8-18　手持激光测速仪

思考题 8-12　在贵重物品、机要室的防盗系统中都采用了多普勒效应，请阐述雷达式微波探测器以及超声波报警器的工作原理。

2. 光波的多普勒效应——多普勒彩超

医生如何测量血液分子的运动速度？方法是发射一束激光，通过光纤传输，激光束被所研究组织散射后有部分光被吸收，击中血细胞的激光波长发生了改变（多普勒频移），而击中静止组织的激光波长没有改变。这些波长改变的强度和频率分布与监测体积内的血细胞数量和移动速度直接相关。通过接收光纤，这些信息被记录并且转换为电信号进行分析，从而作出动脉造影。在医学上，这种装置称为多普勒彩超。人们利用超声波探测人体的心瓣膜运动、肿瘤和产前检查的图像。超声波频率为 1 MHz～5 MHz，水中的波长为 0.3 mm。图 8-19 所示为"三维彩超"扫描出来的子宫内的胎儿。

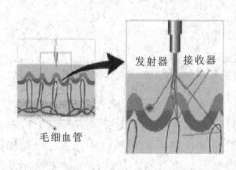
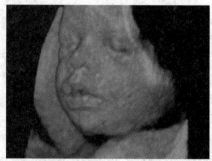

图 8-19　多普勒彩超

当红细胞流经心脏大血管时，从换能器（触头）发出的超声波射向红细胞，红细胞接收到的超声波的频率为

$$\nu_L = \frac{u-v}{u}\nu_S$$

此处，设超声波在人体内的传播速度为 $u = 1.54 \times 10^3$ m/s，超声波的频率为 $\nu_S = 4.0$ MHz。超声波在红细胞表面散射，红细胞将超声波返送回换能器（触头），换能器接收到的超声波的频率变为

$$\nu_L' = \frac{u}{u+v}\nu_L = \frac{u-v}{u+v}\nu_S$$

换能器发出和接收到的超声波的多普勒频移(拍频)为

$$\Delta\nu = |\nu'_L - \nu_S| = \frac{2v}{u+v}\nu_S = 1.66 \times 10^3 \text{ Hz}$$

测得血流速度为

$$v = \frac{\Delta\nu}{2\nu_S + \Delta\nu}u = 0.32 \text{ m/s}$$

根据多普勒原理,红细胞朝向探头时,反射的声频增大;红细胞离开探头时,反射的声频降低。

3. 电磁波的多普勒效应——卫星多普勒定位技术

电影《蝙蝠侠》中有这样一个场景:当蝙蝠侠驾着战斗机离开时,他身后的小导弹一直紧咬不放。那么如何做到让导弹定位跟踪?其主要通过导弹发出的波打到蝙蝠侠的战斗机上,根据接收到的反射波的频率与发射波的频率之间的关系,可以计算出蝙蝠侠战斗机运行的速度大小、方向以及高度、距离等信息。

日常生活中,我们出行一般都会使用 GPS 导航,其工作原理是卫星多普勒定位技术(如图 8-20 所示)。人造地球卫星从位置 1 运动到位置 2 的过程中,向着跟踪站的速度分量减小。而从位置 2 运动到位置 3 的过程中,离开跟踪站的速度分量增加。因此,如果卫星不断地发射恒定频率的无线电信号,当卫星经过跟踪站上空时,地面接收到的信号频率是逐渐减小的。如果把接收到的信号与接收站另外产生的恒定信号合成拍,则拍频可以产生一个听得见的声音。卫星经过上空时,这种声音的音调很低。一个卫星地面站监测远在十万公里以外的卫星位置的变化时,可以精确到 1 mm～1 cm。

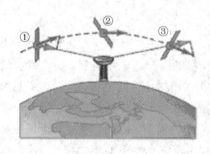

图 8-20　卫星多普勒定位

2014 年 3 月 8 日,由吉隆坡飞往北京的航班"MH370"失去联络,机上搭乘 239 人,其中包括 154 名中国乘客。事发 500 天后,最终给出航班在印度洋南部终结的结论,那么科学家又是如何得出这一结论的呢?

飞机出厂时都会安装国际海事卫星设备(英国卫星公司 Inmarsat),其发射器会定时向国际海事卫星系统发送 ping 信号(含有飞机地址码的一组脉冲信号,它是一个请求信号,也叫握手信号)。当卫星收到 ping 信号时,首先对地址码进行解码,确认该飞机是否租用了数据通道。如果是,就接收飞机的运行参数,否则就不接收,这个过程会定时地重复。从飞机发出的信号是"尖锐"还是"低沉",就可以判断出那一刻飞机是在靠近还是远离卫星。因为飞机向南飞或向北飞,它相对卫星的速度变化过程是不同的。运用多普勒效应理论,基于 Inmarsat 提供的数据,分析 MH370 航班向卫星发出的 7 次 ping 信号,可以确定是南线还是北线：以悬停在印度洋上空的同步卫星为圆心，根据 7 次 ping 信号画出几条飞机必在的位置圆弧（如图 8-21 所示），最终可以确定发射信号的飞机与接收信号的卫星的相对速度，从而判断出飞机每次"是飞进这些圆圈，还是飞出这些圆圈"，进而排除北线的可能性。

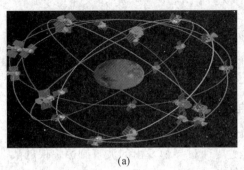
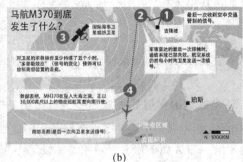

(a)　　　　　　　　　　　　　　　　　　(b)

图 8-21　ping 信号

思考题 8-13　在移动通信中，由于多普勒效应，当移动台高速移动时，信号频率会发生偏移，有 $f' = f \pm f_d$，当移动速度大于 70 km/h 时，频率偏移量 $f_d = v\cos\theta/\lambda$ 过大（其中 v 为移动台运动的速度、λ 为电磁波传播的速度、θ 为基站与移动台之间的夹角），将导致通信受到影响。人们坐在快速行驶的汽车上、火车上以及高铁上打电话时，信号都会受到影响。为了避免不利影响，你有何好的建议？

思考题 8-14　铁路工人要对铁路进行检测，根据多普勒效应，计算火车的运动速率。

思考题 8-15　根据多普勒效应，理论分析发射炮弹过程中炮弹飞行的方向及速率。

4. 超声波的多普勒效应——多普勒声呐

如图 8-22 所示，蝙蝠夜间看不见，它用喉头每秒发射 10~20 次的超声脉冲并用耳朵接收其回波，可以探测到很细小的昆虫及 0.1 mm 粗细的金属丝障碍物。而飞蛾能清晰地听到 40 m 以外的蝙蝠超声，因而可以逃避攻击。光在水中的穿透能力很有限，人们只能看到十几米到几十米内的物体。而电磁波在水中又衰减得太快，只能传播几十米。只有声波在水中传播时衰减得很小。低频的声波可以穿透海底几千米的地层。因此，声波毋庸置疑是最好的水下探测手段。声呐即声音导航与测距，是一种利用声波在水下的传播特性，通过电声转换和信息处理，完成水下探测和通信任务的电子设备。声呐并非人类的专利，海豚和鲸鱼等海洋哺乳动物也拥有"水下声呐"，它们能产生一种十分确定的信号探寻食物和相互通信。

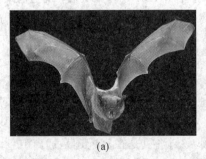

(a)　　　　　　　　　　　　　　　　　(b)

图 8-22　蝙蝠和海豚

终身在极度黑暗的大洋深处生活的动物不得不采用声呐等各种手段来搜寻猎物和防避攻击，其声呐性能是人类现代技术所远不能及的。解开这些动物声呐的谜，一直是现代声呐技术的重要研究课题。基于此形成了一门新的学科叫作动物仿生学。而我们人类发明的"声呐"就是通过鲸鱼和海豚的原理发明的（如图 8-23 所示）。声呐技术至今已经有 100 年的历史。在第一次世界大战时被应用到战场上，用来侦测潜藏在水底的潜水艇。

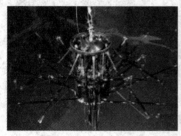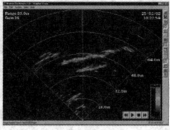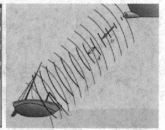

图 8-23 声呐技术

一艘驱逐舰停在海面上，它的水下超声波多普勒声呐向一艘驶近的潜艇发射 1.8×10^4 Hz 的超声波。由该潜艇反射回来的超声波的频率和发射的频率相差 220 Hz。设潜艇以速度 v 向海面移动，驱逐舰发射的频率为 ν_S，波速为 u，则潜艇接收到的波的频率为

$$\nu_L = \frac{u+v}{u} \nu_S$$

潜艇把这个频率的波反射回去，驱逐舰接收到的波的频率为

$$\nu'_L = \frac{u}{u-v} \nu_L = \frac{u+v}{u-v} \nu_S$$

潜艇反射回来的超声波的频率和发射的频率的差为

$$\Delta\nu = \nu'_L - \nu_S = \frac{2v}{u-v} \nu_S$$

已知海水中的声速为 1.54×10^3 m/s，则潜艇的速度为

$$v = \frac{\Delta\nu}{2\nu_S + \Delta\nu} u = \frac{220}{2 \times 1.8 \times 10^4 + 220} \times 1.54 \times 10^3 = 9.4 \text{ m/s}$$

思考题 8-16 从某种程度上来说，隔空操作和蝙蝠的声呐系统并无太大不同，利用微型雷达可以捕捉到 5 mm 波长级的手指运动，并以此来操作设备。试阐述隔空操作的物理原理，并提出自己的设想。

*8.5 冲 击 波

众所周知，声音在空气中的传播速度大约是 340 m/s。当飞机、炮弹等以超声速飞行时，都会在空气中激起圆锥形的波，这种波称为冲击波。冲击波面到达的地方，空气压强突然增大。过强的冲击波掠过物体时甚至会对物体造成损害，这种现象称为声爆。

物理学家马赫在研究超声速弹丸实验时发现：当冲击波波源的速度 v_S 超过波速时，波源前方不会产生任何波动，没有波面形成。

当波源经过 S_1 位置时发出的波在其后 τ 时刻的波阵面为半径等于 $v\tau$ 的球面，但此时波源已前进了 $v_S\tau$ 的距离到达 S_2 位置。在整个 τ 时间内，波源发出的波到达前沿形成的各个波前包络面对应一个圆锥面，这个圆锥面叫作马赫锥(如图 8-24 所示)，其半顶角 α 为

$$\sin\alpha = \frac{u}{v_S} = \frac{1}{M}, \quad \lambda_{\text{front}} = \frac{u - v_S}{\nu_S}$$

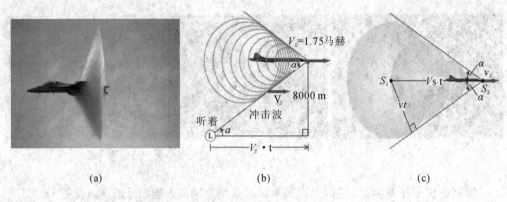

图 8-24　马赫锥

物体超过声速的速度通常用马赫数表示，马赫数定义为物体速度与介质中声速之比。商业客机的飞行速度一般不会超过声速，最高在 0.8 马赫。战斗机的飞行速度通常能够轻松达到超声速，基本在 1.5～2.5 马赫范围内。狙击步枪的弹头可达 2.5 马赫。战斗机的速度一般比手枪子弹的速度快，可以跟狙击步枪子弹的速度相媲美。

一架超声速飞机以 1.75 的马赫数在 8000 m 高空水平飞行，声速按 320 m/s 计，冲击波的半顶角 α 为

$$\alpha = \arcsin\frac{1}{1.75} = 34.8°$$

飞机的速度为

$$v_S = 1.75 \times 320 = 560 \text{ m/s}$$

由图 8-24 可知

$$\tan\alpha = \frac{8000}{v_S t}, \quad t = \frac{8000}{560\tan 34.8°} = 20.5 \text{ s}$$

当人听到声音时，飞机已经飞过头顶 $560 \times 20.5 = 11.5$ km。实际上，声速会随着高度的增加而下降。

思考题 8-17　理论分析音障形成的原因，并给出消除音障的各种可能途径。

思考题 8-18　如何提高飞行器的马赫数?

第 9 章　光 的 干 涉

图 9-1(a)显示了两个水波的干涉现象，凹陷的阴影对应干涉相消，突起的边缘对应干涉相长。

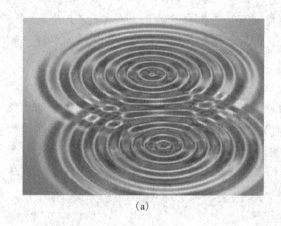
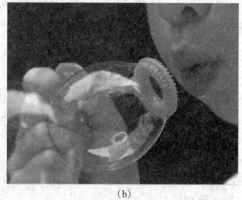

(a)　　　　　　　　　　　　　　　　　(b)

图 9-1　生活中的干涉现象

通常意义上的光是指可引起人的视觉感受的可见光，其频率在 $3.9 \times 10^{14} \sim 8.6 \times 10^{14}$ Hz，频率从大到小依次呈现出从紫到红的各种颜色。在一定条件下，两束光叠加时，在叠加区域光的强度或明暗稳定分布，这种现象称作光的干涉。由于光在均匀介质中传输时，人们是看不见的，因此两个光波的干涉现象很难被观测到。第一个干涉现象为薄膜产生的彩色（如图 9-1(b)所示），即"牛顿环"，是玻意耳和胡克各自独立发现的。1800 年英国医生托马斯·杨以简单的装置和巧妙的构思获得了光的干涉条纹，提出干涉原理并对薄膜彩色做了解释。但是由于杨氏的见解大部分是定性表达，当时并没有得到普遍认可，他逐渐领悟到要用横波的概念来代替纵波，而这正是菲涅耳继续发展波动理论的出发点，同时也为马吕斯的偏振实验提供了很好的理论依据。

阅读材料　　光学发展史

光学是物理学中一门古老的基础学科，它的起源可以追溯到两三千年前。春秋战国后期，我国的《墨经》中就记载了许多光学现象，如小孔成像、平面镜和凹面镜成像等。但是光学真正成为一门学科应该从建立反射和折射定律开始，这两个定律也是几何光学的基础。

什么是光？光的本性的研究是贯穿光学发展的主线，也是每位研究光学现象的物理学家都会涉及的问题。对光的本性的认识，主要有两种主流学说，这两种学说的争论构成了光学发展史中的一根红线。

1) 微粒学说

1704 年，牛顿在《光学》中提出了光的微粒流理论，把光看成是由微粒组成的。按照力学规律，这些微粒沿直线飞行，因此光具有直线传播的性质。19 世纪以前，微粒说比较盛行。随着研究的不断深入，人们发现了干涉、衍射等现象，这些现象无法用光的直线传播性质进行解释，于是提出了另一种学说——光的波动说。

2) 波动说的早期形成

首先胡克提出光是一种振动，它像水波一样可以向外传播。后来荷兰物理学家惠更斯发展了胡克的思想，他提出了"以太"这种假想的弥漫于宇宙空间中的弹性媒质，并认为光是发光体中微小粒子的振动在"以太"中的传播过程，并把自己的论点取名为《光论》发表。惠更斯在胡克的基础上发展了光的波动理论，但由于他把光看成纵波，还是不能解释光的偏振现象。

3) 托马斯·杨的研究

托马斯·杨是英国人，是一名医生，但他却对物理学有着很深的造诣。17 岁时他就已经精读过牛顿力学和一些光学著作，在学医时，他还研究过眼视光学。1801 年，托马斯·杨发展了惠更斯的波动理论，提出了杨氏双缝干涉，并用实验成功地解释了干涉现象。这个实验为波动学说的发展提供了有力的证据，并对微粒说提出了严重的挑战。1808 年，马吕斯发现了偏振现象。几年后，托马斯·杨又提出了用横波代替纵波来解释光的偏振现象。

4) 菲涅耳的贡献

菲涅耳是法国人，是一位工程师，却对光学很感兴趣。他还发明了一种透镜，被称为菲涅耳透镜。1817 年，托马斯·杨曾两次写信给他的合作伙伴阿拉果讨论用横波解释偏振问题，却给了菲涅耳以启发。

1818 年，在法国的一次征文比赛中，当时年仅 30 岁且不知名的菲涅耳，从横波出发，圆满解释了光的偏振现象，并用半波带法定量地计算了光通过圆孔、圆板等形状的障碍物后所产生的衍射花纹。其计算结果与实验结果符合得非常好，使各位评委大为惊讶。泊松在审查菲涅耳理论时，发现在一个圆盘的后面一定距离的屏幕中心居然出现了亮斑。当泊松对菲涅尔的理论提出质疑时，阿拉果用实验非常精彩地证实了菲涅耳的理论，影子中心果然出现了一个亮斑。这一事实轰动了整个法国科学院。这个被泊松发现的亮斑却被称为泊松亮斑。菲涅耳发展了惠更斯和托马斯·杨的波动理论，被称为"物理光学的缔造者"。

5) 量子光学时期

19 世纪 60 年代，麦克斯韦建立了电磁波理论，认为光是一种波长较短的电磁波，不需要任何媒介进行传播，并且真空中电磁波的传播速度与光速相同。

到了量子光学时期，普朗克提出了能量子假说，光的粒子性也被很多实验证明，如光电效应实验、康普顿散射实验等。事实上，光是具有波粒二象性的，有些问题中需要考虑它的波动性，有些问题中需要考虑它的微粒性，两者并不矛盾。至此，光的波动学说和微粒学说的争论才落下帷幕。

6) 现代光学时期

1960 年梅曼发明了第一台红宝石可见光激光器，使得光学的发展进入了一个全新的时代，并派生出许多前沿研究领域：激光物理、激光全息、激光加工、激光信息处理、激光光谱学、光计算机、光纤通信等。现代光学与其他科学技术的结合，对人们的生产和生活都产生了重大的影响，人们对光的本性的认识也上升到了一个更高的层次。

9.1 光干涉仪在光学检测中的应用

9.1.1 干涉原理

光振动矢量有电场强度 E 和磁场强度 H。能引起光感的矢量主要是 E，E 称为光矢量。设两列光在空间某点的光矢量分别为

$$E_1 = E_{10}\cos(\omega t + \varphi_1), \quad E_2 = E_{20}\cos(\omega t + \varphi_2)$$

设叠加后的振幅为 E_0，则有

$$E_0^2 = E_{10}^2 + E_{20}^2 + 2E_{10}E_{20}\cos(\varphi_2 - \varphi_1)$$

普通光源的原子发光是彼此独立的，持续时间很短，振动方向和相位都是随机的，发出的光不产生干涉现象，我们将其称为非相干光。非相干光在观测的时间 τ 内，$\Delta\varphi = \varphi_2 - \varphi_1$ 可取 $0 \sim 2\pi$ 的一切数值，从而有 $\int_0^\tau \cos(\varphi_2 - \varphi_1)\mathrm{d}t/\tau = 0$。这样，就有 $E_0^2 = E_{10}^2 + E_{20}^2$，即叠加后的光强 $I = I_1 + I_2$，仅为亮度相加。例如，两盏电灯光叠加起来，只有简单的亮度相加，不会产生明暗相间的干涉条纹。

激光器发出的各发光原子是彼此相关的，能够步调一致地振动，发射恒定相位差的光波。尽管原子发光是断续的，但每次持续发光的时间较长（10^{-4} s），波列长度可达几十千米。激光器发出的光能产生干涉现象，我们将其称为相干光。相干光 $\Delta\varphi = \varphi_2 - \varphi_1$ 是恒定的，叠加后的光强 $I = I_1 + I_2 + \sqrt{I_1 I_2}\cos\Delta\varphi$ 也是稳定的。图 9-2 中分别是白炽灯、LED 灯及激光器所发射的光。

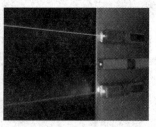

(a)白炽灯　　　　　　　(b)LED灯　　　　　　　(c)激光器

图 9-2 各种光源发射的光

光的相干条件如下：
(1) 频率相同；
(2) 光矢量振动方向相同；
(3) 相位差恒定。
若 $I_1 = I_2 = I_0$，则

$$I = 2I_0(1 + \cos\Delta\varphi) = 4I_0\cos^2\frac{\Delta\varphi}{2}$$

若

$$\Delta\varphi = \pm 2k\pi\,(k=0,\,1,\,2,\,\cdots)\qquad(9-1)$$

则 $I=4I_0$，此时出现干涉加强或干涉相长。

若

$$\Delta\varphi = \pm(2k+1)\pi\ (k=0,\,1,\,2,\,\cdots)\qquad(9-2)$$

则 $I=0$，此时出现干涉极小或干涉相消。

当 $\Delta\varphi$ 为其他值时，光强介于 $0\sim4I_0$ 之间。光的干涉改变了光的强度分布，但其平均光强仍为 $I=I_1+I_2$。

9.1.2　光程与光程差

光在不同介质中的传播速度不同，当经过相同的距离时，引起的相位变化不同。如图 9-3 所示，两束光沿不同介质和路径在 P 点相遇。两束光在 P 点引起的振动分别是：

$$E_1 = E_{10}\cos\left(\omega t - \frac{2\pi r_1}{\lambda_1} + \varphi_1\right)$$

$$E_2 = E_{20}\cos\left(\omega t - \frac{2\pi r_2}{\lambda_2} + \varphi_2\right)$$

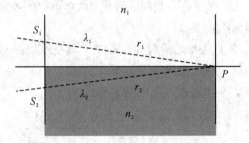

图 9-3　不同介质中波的叠加

在 P 点两束光的相位差为

$$\Delta\varphi = \varphi_1 - \varphi_2 + \frac{2\pi r_2}{\lambda_2} - \frac{2\pi r_1}{\lambda_1}$$

若 $\varphi_1 = \varphi_2$，则

$$\Delta\varphi = \frac{2\pi r_2}{\lambda_2} - \frac{2\pi r_1}{\lambda_1}$$

由 $\lambda_1 = u_1 T = \dfrac{c}{n_1}T = \dfrac{\lambda}{n_1}$ 和 $\lambda_2 = \dfrac{\lambda}{n_2}$（其中 λ 为真空中光的波长），得到

$$\Delta\varphi = 2\pi\left(\frac{n_2 r_2}{\lambda} - \frac{n_1 r_1}{\lambda}\right)$$

若引入光程 $\Delta = nr$，则光程差 δ 为

$$\delta = n_2 r_2 - n_1 r_1 \qquad(9-3)$$

而相位差与光程差的关系则为

$$\Delta\varphi = \frac{2\pi}{\lambda}\delta \qquad(9-4)$$

式中：λ 是真空中光的波长。若光在介质 n 中的传播距离为 r，则引起的相位变化为

$$\Delta\varphi' = 2\pi\frac{r}{\lambda'}$$

而光在真空中传播距离 $\Delta = ct = nr$ 引起的相位变化为 $\Delta\varphi = \Delta\varphi'$。即在相同时间 t 里，光在介质 n 中传播距离 r 引起的相位变化，与光在真空中传播距离 $\Delta = ct$ 所引起的相位变化相同。在计算光在不同介质中传播到某一点所引起的相位变化时，可将光在介质中走过的路程折算为光在真空中走过的距离 $\Delta = nr$，即光程。这样即可方便地利用光在真空中的波长进行相位变化的计算。光程的重要性在于确定光的相位，而相位又决定了光的干涉和衍射行为。

　　用光学干涉的方法测出的光程差总是以光的波长为单位表示的。由于光波波长很短，故可以进行长度、折射率、波长等精确度要求很高的特殊测量，并且人们为各种测量目的设计了多种准确而方便的干涉仪。

9.1.3　几种典型的干涉仪

　　为了获得相干光源，我们将一束光分割成几束光，由此可将干涉方式分为两种：分波阵面法和分阵幅法。

　　分波阵面法：在光波的同一个波面上取两个子波源，两列光经过不同的路径在空间一点相遇，产生干涉。它只适用于光源足够小的情况，如杨氏双缝干涉装置、洛埃德镜干涉装置以及用于测量光程差的瑞利干涉仪等，都是利用波阵面分割的原理实现的。

　　分振幅法：将同一束光利用反射或折射等方法分成两列光波，两列波经过不同的路径在空间一点相遇，产生干涉。它可用于扩展光源，故效应的强度比分波阵面法要大，如牛顿环干涉仪等。

1. 杨氏双缝干涉仪

　　狭缝 S 发出的光的波阵面同时到达 S_1 和 S_2，它们就是两个新的相干子光源，是同一波阵面的两部分，如图 9-4(a)所示。考虑屏上任一点 P，由于从 S 到 S_1 和 S_2 相等，因此在 P 点处光波的强度就仅由从 S_1 和 S_2 到 P 点的光程差决定。双缝间的距离 d 是 0.1～1.0 mm，接收屏与双缝间的距离 D 是 1～10 m，如图 9-4(b)所示。

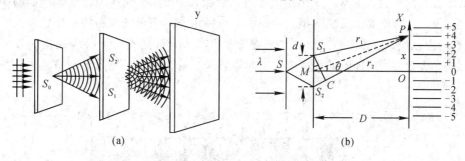

图 9-4　杨氏双缝干涉

　　两个光源发出的相干光波传播到 P 点的光程差为

$$S_2C = \delta = r_2 - r_1$$

考虑到 d、$x \ll D$，则 $\theta \approx \angle S_2S_1C$，对于 $\triangle MOP$ 和 $\triangle S_1S_2C$：

$$x = D\tan\theta$$

$$\delta = r_2 - r_1 = d\sin\theta$$

由于 $\sin\theta \approx \tan\theta$，则

$$\frac{\delta}{d} \approx \frac{x}{D}$$

即有

$$\delta \approx x\frac{d}{D} \tag{9-5}$$

S_1 和 S_2 是同一波面上的两个光源，故 $\varphi_1 = \varphi_2$，两列干涉波干涉相长时的光程差为

$$\delta = \pm 2k\frac{\lambda}{2}, \ k = 0, 1, 2, \cdots \tag{9-6}$$

所以明条纹中心的位置为

$$x_{明} = \pm 2k\frac{\lambda}{2}\frac{D}{d}, \ k = 0, 1, 2, \cdots \tag{9-7}$$

两列干涉波干涉相消时的光程差为

$$\delta = \pm(2k+1)\frac{\lambda}{2}, \ k = 0, 1, 2, \cdots \tag{9-8}$$

得到暗条纹中心的位置为

$$x_{暗} = \pm(2k+1)\frac{\lambda}{2}\frac{D}{d}, \ k = 0, 1, 2, \cdots \tag{9-9}$$

式中：k 是干涉条纹的级数。与 $k = 0, 1, 2, \cdots$ 对应的明纹中心称为 0 级、1 级、2 级…明纹中心；与 $k = 0, 1, 2, \cdots$ 对应的暗纹中心称为 0 级、1 级、2 级…暗纹中心。上述结论适用于任何形式的波。

相邻两明纹或暗纹的宽度为

$$\Delta x = \frac{D}{d}\lambda \tag{9-10}$$

测量 D 和 d 以及条纹在光屏上的位置 x 或者条纹间距 Δx，就可以算出波长 λ，历史上正是通过杨氏双缝实验第一次测量出了可见光波长。杨氏实验作为建立光的波动学说的决定性一步，具有重要的历史意义，它提供了一种用非常简单的设备测量单色光波长的方法(虽然精度较低，杨氏实验测出的红光波长为 $0.7 \ \mu m$，紫光波长为 $0.4 \ \mu m$)。

单色光入射时，出现以屏中央零级明纹中心为对称的等宽、等间距的明暗相间的干涉条纹，如图 9-5 所示。

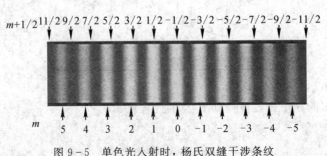

图 9-5　单色光入射时，杨氏双缝干涉条纹

白光入射时，零级明纹中心为白光，其余为彩色条纹，高级次彩色条纹会出现不同波长干涉条纹的重叠现象，也称作干涉光谱，如图 9-6 所示。

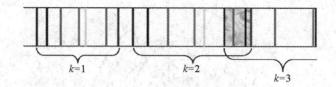

图 9-6　白光入射时，杨氏双缝干涉条纹

由于光波的频率很高，振动周期很短(约为 10^{-14} s)，而光波接收器的响应时间相对都很长，如人眼约为 10^{-1} s，感光乳胶约为 $10^{-2} \sim 10^{-4}$ s，光电倍增管约为 10^{-9} s，因此，一般光波接收器所能测出的只是时间的平均值，我们称之为光强。对于相干光而言，$\Delta\varphi = \varphi_2 - \varphi_1$ 是恒定的，叠加后的光强为

$$I = I_0 \cos^2 \frac{\Delta\varphi}{2} = I_0 \cos^2 \left(\frac{\pi d}{\lambda} \sin\theta \right) \tag{9-11}$$

干涉相长时，$I = 4I_0$，光强极大值 I 是一单缝光强 I_0 的 4 倍。干涉相消时，$I = 0$，光强为零。当 $\Delta\varphi$ 为其他值时，光强介于 $0 \sim 4I_0$。光的干涉改变了光强的分布。杨氏实验中，我们得到屏上任一点的强度为

$$I = I_0 \cos^2 \left(\frac{kxd}{2D} \right) = I_0 \cos^2 \left(\frac{\pi xd}{\lambda D} \right) \tag{9-12}$$

图 9-7 给出了式(9-10)和式(9-12)的结果。

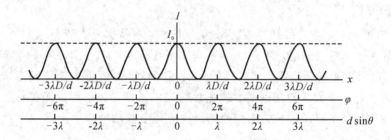

图 9-7　杨氏双缝干涉的条纹间距

例题 9-1　调频广播站的两个发射天线 S_1 和 S_2 相距 400 m，同相位地发射出频率为 $f = 1500$ kHz 的广播信号，假设观测信号强度的点到 S_1S_2 连线的距离远大于 400 m，试求辐射能分布。

解　实际上天线或者天线阵列的组合可以根据人们的需要产生特定的辐射能分布。天线的位置如图 9-8 所示，相当于杨氏双缝的两个光源 S_1 和 S_2，箭头方向代表强度最大的方向。

由题意可知，无线电波长为

$$\lambda = \frac{c}{f} = \frac{3.0 \times 10^8}{1.5 \times 10^6} = 200 \text{ m}$$

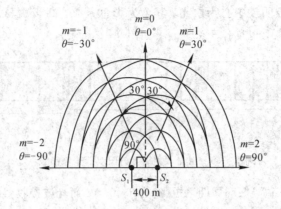

图 9-8　天线发射图

根据干涉相长条件，有

$$\sin\theta = k\frac{\lambda}{d} = \frac{k\times 200}{400} = \frac{k}{2}, \quad k=0, \pm 1, \pm 2\cdots$$

由此可知，在 $\theta = 0°$，$\pm 30°$，$\pm 90°$这些方向上可以接收到比较强的无线电信号。
同理可得

$$\sin\theta = \frac{2k-1}{2}\frac{\lambda}{d} = \frac{(2k-1)\times 200}{2\times 400} = \frac{2k-1}{4}, \quad k=\pm 1, \pm 2\cdots$$

由此可知，在 $\theta = \pm 14.5°$，$\pm 48.6°$这些方向上接收不到无线电信号。

思考题 9-1　若用细灯丝代替双缝，用声波或者 γ 射线代替光波，干涉条纹如何变化？

2. 干涉热胀仪

如图 9-9 所示，干涉热胀仪主要部分为一个熔融水晶制成的环 C、C′，它的热胀系数很小，而且预先已经精确测定，环上放一块光学平面薄玻璃片 AB，在环内置有待测样品 W，其上表面已经预先精确磨平，使样品的上表面和玻璃片的下表面之间形成一劈尖。当波长为 λ 的单色光从上面垂直照射时，就观察到等厚干涉条纹。如由于机械张力、压力等原因所引起物体长度的微小改变，改变的结果也可用干涉法精确地测定。

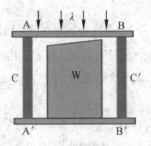

图 9-9　干涉热胀仪

设劈尖的折射率为 n_2，上下介质折射率为 n_1，且 $n_1 < n_2$，如图 9-10 所示。以波长为 λ 的单色平行光垂直入射到劈尖的上、下表面反射时，上表面有半波损失，下表面无半波损失。两反射光的光程差为

$$\delta = 2n_2 h_k + \frac{\lambda}{2} = \begin{cases} k\lambda, & k=1,2,\cdots \quad (明纹中心) \\ (2k+1)\dfrac{\lambda}{2}, & k=0,1,2,\cdots \quad (暗纹中心) \end{cases} \tag{9-13}$$

可得到相邻明纹或暗纹的高度差为

$$\Delta h = h_{k+1} - h_k = \frac{\lambda}{2n_2}$$

进一步可推算出劈尖相邻明纹或暗纹宽度为

$$a = \frac{\lambda}{2n_2 \sin\theta}$$

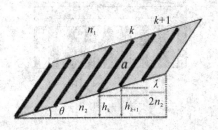

图 9-10　劈尖干涉条纹

　　由于样品和水晶环的热胀系数不同，温度为 t_0 时，测得样品长度为 L_0，温度升高到 t 时，测得样品的长度为 L。上平板玻璃向上平移 $\lambda/2$ 距离，即空气层厚度改变 $\lambda/2$，上下表面两反射光的光程差增加 λ，劈尖各处的干涉条纹发生明—暗—明（或暗—明—暗）的变化。如果观察到某处干涉条纹移动了 N 条，即表明空气层的厚度改变了

$$\Delta h = L - L_0 = N \frac{\lambda}{2}$$

在此过程中，数得通过视场的某一刻线的干涉条纹数目为 N，被测物体的热胀系数为

$$\beta = \frac{L - L_0}{L_0}\frac{1}{t - t_0} = \frac{N\lambda}{2L_0(t - t_0)}$$

　　由等厚干涉条纹可知，每一条条纹对应于薄膜中的一条等高线。如果干涉条纹是一组互相平行的等间距的直条纹，表明被测样品表面非常平整。如果干涉条纹为形状各异的曲线，表明被测样品表面有凹凸不平的缺陷。根据干涉条纹弯曲的方向，可以判断工件表面上的纹路是凹陷的还是凸起的。如果某处凹下去，则对应亮纹（或暗纹）提前出现，工件表面有凹陷，第 k 条条纹所对应的玻璃的凹进部分与第 $k+1$ 条条纹所对应的玻璃的平整部分构成等厚干涉条纹；如果某处凸起来，则对应条纹延后出现，工件表面有凸起，第 k 条条纹所对应的玻璃的平整部分与第 $k+1$ 条条纹所对应的玻璃的凸起部分构成等厚干涉条纹。（注："提前"与"延后"不是指时间上，而是指由左向右的位置顺序上）

　　相邻两直明纹间距和劈尖角 θ 的关系为

$$b\sin\theta = \frac{\lambda}{2}$$

　　相邻两弯曲明纹和劈尖角 θ 的关系为

$$b'\sin\theta = \Delta e$$

由相似三角形关系，可估算出凹凸深度(如图 9-11 所示)为

$$\Delta e = \frac{b'}{b}\frac{\lambda}{2}$$

式中：b 表示条纹间距，b' 表示条纹弯曲深度。对于空气膜来说，$\Delta e = \lambda/2$，则 $b = b'$。如果被测面是平面，则出现的条纹是平行等距直条纹；如果被测面不平整，则会出现等厚线状条纹。根据条纹弯曲方向和弯曲量可判断平面偏差趋势及大小。干涉条纹弯曲，凸面向着厚度小的方向，表示被测表面下凹。

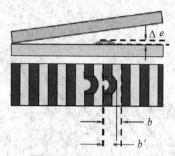

图 9-11　不平整工件表面的干涉条纹

思考题 9-2　如何测半导体光刻工艺中薄膜的厚度？

思考题 9-3　如何测金属丝的直径？

3. 牛顿环

望远镜目镜在研磨过程中，将标准曲率的透镜样规与待测透镜叠合在一起，然后对上面的待测透镜轻轻施压，通过改变空气层的厚度，可以观察到干涉条纹的移动情况，进而可确定待测表面的曲率半径比标准值过大还是过小。图 9-12(a)所示分别为样板、下陷和中心高三种情况。把具有标准曲率的透镜样规与待测透镜叠合在一起，再用单色光照射，观察反射相干光的干涉条纹。若标准曲率的透镜样规与待测透镜完全拟合，则不会产生干涉条纹；若所用透镜是不合格透镜，则不能完全拟合，且会在两球面间形成空气层，并产生干涉条纹——牛顿环。通过该方法可以检查出约 $\lambda/4$ 的凹凸缺陷，精密度可达 $0.1~\mu m$ 左右。图 9-12(b)为中心高的情况，待测透镜 Q 的曲率半径为 R_1，宽度为 D，标准曲率的透镜样规 P 的曲率半径为 R_2，这两个透镜之间空气层的厚度为 h。牛顿环实验装置以及产生的干涉条纹如图 9-13 所示。

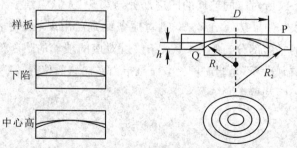

图 9-12　牛顿环检验待测样品及中心高的情况

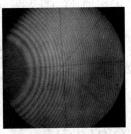

图 9-13 牛顿环实验装置以及产生的干涉条纹

实验上通常将一个曲率半径为 R（R 较大，数量级为米，折射率为 n）的平凸透镜放在一块平整的玻璃片上（折射率为 n'，且有 $n < n'$）构成一个牛顿环装置。如图 9-14 所示，以波长为 λ 的单色平行光垂直入射到牛顿环上，在平凸透镜的下表面和玻璃片的上表面产生的两束反射光相干叠加，形成干涉条纹。牛顿环相同空气层厚度的干涉条纹是以 CO 轴为中心的同心圆环。对于 O 点，$h = 0$，$\delta = \lambda/2$，是零级暗纹中心。越往外，条纹分布越密，干涉级越高。

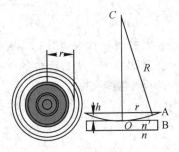

图 9-14 牛顿环检测原理图

由几何关系可知

$$R^2 = r^2 + (R - h)^2$$

因为 $R \gg h$、r，故有

$$h \approx \frac{r^2}{2R}$$

平凸透镜下表面的反射光和玻璃片上表面的反射光在相遇点的光程差为

$$\delta = 2n_2 h + \frac{\lambda}{2}$$

即

$$\delta = n\frac{r^2}{R} + \frac{\lambda}{2}$$

得到明环条件为

$$n\frac{r^2}{R} + \frac{\lambda}{2} = 2k\frac{\lambda}{2}, \quad k = 1, 2, \cdots$$

第 k 级明环的半径为

$$r_{k明} = \sqrt{(2k-1)\frac{R\lambda}{2n}} \tag{9-14}$$

第 $k+m$ 级明环的半径为

$$r_{(k+m)明}=\sqrt{[2(k+m)-1]\frac{R\lambda}{2n}}\,,\ k=0,1,2,\cdots$$

暗环条件为

$$n\frac{r^2}{R}+\frac{\lambda}{2}=(2k+1)\frac{\lambda}{2}\,,\ k=0,1,2,\cdots$$

第 k 级暗环的半径为

$$r_{k暗}=\sqrt{kR\frac{\lambda}{n}} \qquad\qquad (9-15)$$

可见条纹内疏外密,中间级次低,边缘高。

第 $k+m$ 级暗环的半径为

$$r_{(k+m)暗}=\sqrt{(k+m)R\frac{\lambda}{n}}\,,\ k=0,1,2,\cdots$$

曲率半径和光波的波长为

$$R=\frac{r_{k+m}^2-r_k^2}{m\lambda}\,,\ \lambda=\frac{r_{k+m}^2-r_k^2}{mR}$$

根据条纹的形状、数目及移动趋势可以检验零件的偏差,根据环数可以估计待测透镜的曲率公差,产生的环数越多,公差就越大。从所产生的干涉条纹的形状,还可以检验球面曲率是否均匀。零件偏差量为两个牛顿环相减,即

$$\Delta h=h_1-h_2=\frac{D^2}{8}\left(\frac{1}{R_1}-\frac{1}{R_2}\right)=\frac{D^2}{8}\Delta K\ (\Delta K\ 为曲率公差)$$

若 D 范围内有 N 个圆条纹,由 $h=N\lambda/2$,则有

$$N=D^2\frac{\Delta K}{4\lambda}=\frac{2\Delta h}{\lambda}$$

若观察到中心条纹向里淹没,各环半径向中心收缩(这是因为在施加压力时空气膜厚度增加,牛顿环半径相应减小),则透镜待测表面为凹面,比样规的半径大。若观察到中心条纹向外涌出,各环半径向边缘扩散(这是因为在施加压力时空气膜厚度减小,牛顿环半径相应增加),则透镜待测表面为凸面,比样规的半径小。

9.2 光干涉理论在制膜工程中的应用

光学薄膜是用物理和化学方法涂镀在玻璃或金属光滑表面上的透明介质膜,利用光波在薄膜中反射、折射及相干来达到增透或增反的作用,还起到分光、滤光、调整光束偏振或相位等作用。

9.2.1 薄膜干涉理论

地上的一滴油经过雨水的冲刷后会呈现出明亮的彩色花纹;通过相距很近的双缝观看远处的灯光,也可以看到彩色条纹;肥皂泡和 DVD 在阳光下显示出五彩图案;等等。这些现象都是光经过油膜或者肥皂液膜前后两个表面反射后干涉叠加的结果。采用不同的光照

射，条纹的位置也会发生相应的变化。

以水面上的油膜为例（如图 9-15 所示），油膜厚度均匀，折射率为 n。设入射光为单色光，在真空中的波长为 λ。入射光的一部分经油膜上表面直接反射，另一部分光透过上表面进入油膜，在其下表面被反射，再次通过油膜而反射回空气中，这样的两束光在视网膜上汇聚于一点，该点是干涉相长还是干涉相消取决于相位关系。油膜厚度决定了反射光的颜色，水面上的油膜厚度一般不会很均匀，太阳光中包含了各种波长的光，不同的波长对应不同的颜色，所以在各处反射的光就会由于波长不同而显出彩色。这就是本来无色的肥皂水表面能够呈现出五彩斑斓的颜色的原因。

图 9-15 水面上的油膜

如图 9-16 所示，折射率为 n_2、厚度为 h 的平行薄膜夹在折射率为 n_1 和 n_3 的两种介质之间。入射光经薄膜上、下表面反射后叠加形成反射光的干涉，S' 点的光强 I 取决于图中光束 1 和光束 2 的光程差。

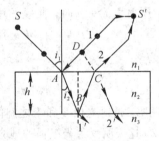

图 9-16 肥皂水表面的五彩图案及薄膜干涉原理图

设 $n_1 < n_2 < n_3$，则入射光经薄膜上表面反射时有半波损失，经薄膜下表面反射时也有半波损失。这样，光束 2 与光束 1 之间的光程差为

$$\delta = \left[n_2(AB+BC) + \frac{\lambda}{2} \right] - \left[n_1(AD) + \frac{\lambda}{2} \right] = n_2(AB+BC) - n_1(AD)$$

因为 $AB = BC = h/\cos i_2$，$AD = AC \sin i_1 = 2h \tan i_2 \sin i_1$，所以

$$\delta = 2n_2 \frac{h}{\cos i_2} - 2n_1 h \tan i_2 \sin i_1$$

由折射定律 $n_1 \sin i_1 = n_2 \sin i_2$ 得

$$\delta = 2n_2 \frac{h}{\cos i_2} (n_2 - n_2 \sin^2 i_2) = 2n_2 h \cos i_2 \qquad (9-16)$$

若 $n_1 > n_2 > n_3$，两反射光在薄膜的上下表面反射时均无半波损失，光程差公式仍为式(9-16)。

若 $n_1 < n_2$，$n_2 > n_3$，薄膜上表面反射光有半波损失，下表面反射光无半波损失，若 $n_1 > n_2$，$n_2 < n_3$，薄膜上表面反射光无半波损失，下表面反射光有半波损失，光程差均记为

$$\delta = 2n_2 h \cos i_2 + \frac{\lambda}{2} = 2h\sqrt{n_2^2 - n_1^2 \sin^2 i_1} + \frac{\lambda}{2} \tag{9-17}$$

在薄膜干涉中，半波损失问题至关重要。

由相位差与光程差关系 $\Delta\varphi = 2\pi\delta/\lambda$ 及干涉相长、相消条件式(9-1)和式(9-2)，可知薄膜反射光干涉的明暗条件是

$$\delta = 2h\sqrt{n_2^2 - n_1^2 \sin^2 i_1} + \frac{\lambda}{2} = \begin{cases} k\lambda, & k=1, 2, \cdots \quad (\text{干涉相长}) \\ (2k+1)\dfrac{\lambda}{2}, & k=0, 1, 2, \cdots \quad (\text{干涉相消}) \end{cases} \tag{9-18}$$

当 n_1、n_2 一定时，光程差由介质膜厚度 h 和入射倾角 i_1 决定。这样我们可以把薄膜干涉分成两类：一类是入射倾角 i_1 不变，而光程差仅取决于介质膜厚度 h，同等膜厚度处对应同一干涉条纹，称为等厚干涉；另一类是介质膜厚度 h 均匀不变，光程差仅取决于入射倾角 i_1，具有相同倾角的入射光对应同一条干涉条纹，称为等倾干涉。

薄膜的厚度为

$$h = \begin{cases} \dfrac{(2k-1)\lambda}{4n_2}\cos i_2, & k=1, 2, \cdots \\ \dfrac{k\lambda}{2n_2}\cos i_2, & k=0, 1, 2, \cdots \end{cases}$$

当入射角 $i_1 = 0$，反射角 $i_2 = 0$ 时，薄膜的厚度变为

$$h = \begin{cases} \dfrac{(2k-1)\lambda}{4n_2}, & k=1, 2, \cdots \\ \dfrac{k\lambda}{2n_2}, & k=0, 1, 2, \cdots \end{cases}$$

此外，可以证明，透射光束 $2'$ 和 $1'$ 之间的光程差 δ' 与反射光束 2 与 1 之间的光程差 δ 只相差半个波长 $\lambda/2$。这说明反射光极强的地方透射光极弱，即反射光干涉处是明纹，则透射光干涉处就是暗纹；反之亦然。之所以会如此，是因为反射光能量、透射光能量都是入射光能量的一部分，根据能量守恒定律，反射增强的地方，透射光自然减弱了，且光强分布为

$$I = I_1 + I_2 + 2\sqrt{I_1 I_2}\cos\frac{2\pi\delta}{\lambda}$$

思考题 9-4　蝴蝶的翅膀色彩斑斓是干涉结果吗？

思考题 9-5　一层很薄的肥皂膜($n=1.33$)，看上去一片漆黑，若把同样厚度的肥皂膜盖在玻璃片($n=1.5$)上，看上去却是一片明亮，请解释其原因。

思考题 9-6　当肥皂膜变薄时，膜的颜色呈现彩色，当肥皂膜很快就要破裂时，膜的颜色却变成了黑色，请解释其原因。

思考题 9-7　表面附有油膜的透明玻璃片，当有阳光照射时，可在玻璃片的表面和边缘分别看到彩色图样，这两种现象都是干涉结果吗？

例题 9 - 2　一油滴($n=1.2$)滴在平板玻璃($n_2=1.5$)上，并展开成圆形油膜，用波长为 $\lambda=600$ nm 的单色光垂直照射，求：(1)油滴边缘是亮的还是暗的？(2)当油膜的厚度 $h=800$ nm 时，可以看到几条明纹？明纹所在处的油膜厚度分别为多少？(3)为什么随着油滴展开，条纹逐渐消失？

解　(1)两个分界面上有半波损失，当 $\delta=k\lambda$ 时，干涉极大，产生明纹。在油膜边缘处，$d=0$，有 $k=0$，因此是亮的。

(2)明纹所在处油膜的厚度为

$$d=k\frac{\lambda}{2n}$$

当 $k=1$，$d=250$ nm 时，为一级明纹；

当 $k=2$，$d=500$ nm 时，为二级明纹；

当 $k=3$，$d=750$ nm 时，为三级明纹；

当 $k=4$，$d=1000$ nm 时，为四级明纹。

因此可以观察到四条明纹。

(3)油膜厚度为 d、曲率半径为 R 的平凸透镜与平板玻璃之间空气隙的厚度为 h，产生的同心圆环的半径为 r，参考图 9 - 14 所示的几何关系，可得

$$R^2=r^2+\left[R-(h-d)\right]^2$$

当油滴展开时，曲率半径为

$$R\approx\frac{r^2}{2(h-d)}$$

当条纹间距变大时，总条纹数减少，我们看到的现象就是条纹逐渐消失。

增透膜对于照相机镜头($n_3=1.55$，见图 9 - 17(a))上的镀膜(常用的如 MgF_2，折射率为 $n_2=1.38$)，如图 9 - 17(b)所示，当光垂直入射，且 $n_1<n_2<n_3$ 时，上、下两表面都有半波损失，反射光最小光程差满足如下关系：

$$\delta=2n_2h=(2k+1)\frac{\lambda}{2},\ k=0,1,2,\cdots$$

在镀膜工艺中，常把 n_2h 称为薄膜的光学厚度。

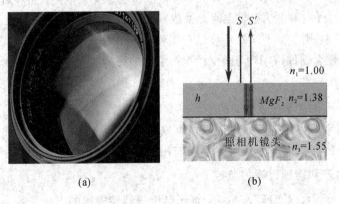

图 9 - 17　镜头镀膜原理

当 $k=0$ 时，镀层厚度最小，一般选取人眼最敏感的黄绿光(波长为 550 nm)镀膜，即

$$h_{\min} = (2k+1)\frac{\lambda}{4n_2} = \frac{\lambda}{4n_2} = \frac{550}{4 \times 1.38} = 99.6 \text{ nm}$$

当白光垂直照射照相机镜头时，人眼看不到黄绿色的反射，只能看到紫红光的反射，故人眼看照相机镜头呈紫红色。

思考题 9-8　人耳对 3500 Hz 的声音频率特别敏感，这可以从人的耳道(耳的外部到耳鼓之间的一段，长度为 2.5 cm 左右)相当于一层增透膜来理解。请解释其原因。

增反膜对于汽车玻璃车窗($n_3 = 1.52$)上的镀膜($n_2 = 1.85$)，当光垂直入射，且 $n_1 < n_3 < n_2$ 时，薄膜上表面有半波损失，下表面无半波损失，光程差满足如下关系：

$$\delta = 2n_2h + \frac{\lambda}{2} = \begin{cases} 2k\dfrac{\lambda}{2}, \ k=1,2,\cdots & (\text{干涉相长}) \\[2mm] (2k+1)\dfrac{\lambda}{2}, \ k=0,1,2,\cdots & (\text{干涉相消}) \end{cases}$$

若 $n_1 > n_3 > n_2$，则薄膜反射光干涉的明暗条件也满足上式。

反射光最强时的光程差为

$$\delta = 2n_2h + \frac{\lambda}{2} = 2k\frac{\lambda}{2}, \ k=1,2,\cdots$$

当 $k=1$ 时，镀层厚度最小，即

$$h_{\min} = (2k-1)\frac{\lambda}{4n_2} = \frac{\lambda}{4n_2} = \frac{700 \times 10^{-9}}{4 \times 1.85} = 94.59 \text{ nm} = 0.094\,59 \ \mu\text{m}$$

其中，选择的红光波长为 700 nm，可实现增强反射光，减弱透射光的目的。

*9.2.2　对薄膜生产和镀膜过程的动态监控

1. 数据采集

在薄膜生产过程中，用光源照射在薄膜上，即可产生两束反射相干光。但是反射光强弱由薄膜的折射率决定，当薄膜的折射率与空气的折射率相差不大时，反射光较弱，这时可以采用两束透射相干光。当薄膜厚度确定后，相干光产生的明、暗纹的位置即确定。将干涉亮条纹经光电转换后，可直接从电表或数字显示器上读出数据。其原理为：用光电传感器将光信号转换成电信号，常用的光电传感器为硅光电二极管或光敏电阻，再经过 A/D 转换和数字化处理及显示；另外一种方法是将点光源换成线光源，根据等厚薄膜各点光程差相同，明、暗条纹的位置也相同，则产生干涉的条纹是一组明、暗相间平行直线条纹，然后将其产生的干涉条纹输入电荷耦合器件(CCD)与微型计算机组成的高精度干涉条纹测量系统。

2. 数据处理

先将检测系统作初始化设定，然后将采集到的数据与之比对。采用光电传感器和 A/D 转换的检测电路系统将转换后的电信号换算成对应的膜的厚度，用数字显示；采用 CCD 与微型计算机组成的高精度干涉条纹测量系统，直接由计算机处理后用数字显示。

3. 对薄膜生产和镀膜过程的监控

利用光电传感器和 A/D 转换系统，将光电传感器转换成的电信号经 A/D 转换后，与机械控制电路连接，当薄膜厚度产生偏差时，光干涉条纹亮纹位置随之发生改变，即原位置的光强也随之发生改变，经光电转换后的电信号将发生变化，从而机械控制电路将对机械进行调控，使薄膜回到原来的厚度。由此可以对薄膜的生产过程进行全面监控。在薄膜生产过程中，当膜厚产生偏差时，干涉条纹的位置也将改变，随之 CCD 成像和计算机处理系统的数据也将改变。将制膜机械的控制电路与计算机连接，用光干涉的图像经计算机处理后的数据调控机械控制电路(由计算机软件完成)，即可对整个制膜过程进行监控处理。同理，也可将此法应用于镀膜工艺的监控中。在镀膜过程中，随着基片上膜层的不断增厚，反射光干涉条纹亮纹的位置和光强也不断地变化，将此光信号输入光电传感器和 A/D 转换系统，将转换后的电信号与机械控制电路连接，用光信号转换成的电信号调控镀膜机的控制电路。采用 CCD 与微型计算机组成的高精度干涉条纹测量系统，将计算机与机械控制电路连接，用计算机处理后的光信号数据调控镀膜机控制电路(由计算机软件完成)。例如，事先在计算机上设定膜层的厚度，启动镀膜机控制电路，随着膜层变厚，光信号转换后的数据随之改变，当膜层厚度与事先设定的膜厚相等时，计算机控制的镀膜机控制电路停止工作，镀膜停止。

9.3 迈克尔逊-莫雷实验

在很长一段时间里，人们都认为光的速度是无限的，即光的传播没有时间性。因此有人把上帝亦称为光，这就意味着光具有神秘性。在科学史上，伽利略是第一个向光的神秘性发起挑战的人，他曾与学生用简单的计时器测量光在两座山峰间的传播时间，虽未成功，但拉开了光速科学研究的序幕。1675 年，丹麦的罗默以天文观测证实了光的传播具有一定的速度。后来，英国的布拉德雷由光行差精化了罗默所测定的光速值。

另外，随着对光的本性的讨论，光速的测定在历史上起了重要作用，牛顿的微粒说被傅科的实验证伪。自傅科以后，光速测量成为一个非常重要的实验问题，科学家们设计了不同的仪器测量光在真空中的传播速度：1849 年，裴索的测定值为 315 000 km/s；1862 年，傅科的测定值为 298 000 km/s；1874 年，科尔尼的测定值为 298 500 km/s；1878 年，科尔尼的测定值为 300 400 km/s；1879 年，迈克尔逊的测定值为 299 910 km/s；1880 年，福布斯的测定值为 301 382 km/s；1882 年，迈克尔逊的测定值为 299 583 km/s。自 1881 年开始，迈克尔逊用迈克尔逊干涉仪完成了三个著名的实验：分别是否定"以太"的迈克尔逊-莫雷实验；光谱精细结构实验和利用光波波长标定长度单位实验。1926 年，迈克尔逊对光速的测定值为 299 796 km/s。自 1973 年以来，光速的国际标准值取为 $c = 299\ 792\ 458$ m/s。1983 年，人们将光在真空中在 1/299 792 458 s 的时间间隔内运行路程的长度作为"米"的定义。

9.3.1 迈克尔逊干涉仪及其工程应用

图 9-18 是迈克尔逊干涉仪的实验装置和干涉结果，图 9-19 是迈克尔逊干涉的实验光路图和实验结果。光源 S 发出的光射向分光板 G_1，分光板的后表面镀有一层半反半透的薄银膜，经分光后形成两部分，反射光束 2 经 M_2 反射后三次穿过分光板，而透射光束 1 经 M_1 反射后只通过分光板一次。补偿板就是为了消除这种不对称而设置的。M_1、M_2 为平面反射镜，M_1 是固定的，M_2 和精密丝相连，使其可前后移动，最小读数为 10^{-4} mm，可估计到 10^{-5} mm，M_1 和 M_2 后各有几个小螺丝可调节其方位。M_2 在 M_1 附近形成一虚像，因而干涉条纹如同由虚像和 M_1 之间的空气薄膜产生的一样。

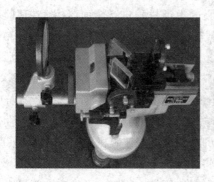 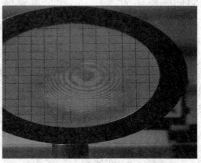

图 9-18　迈克尔逊干涉仪的实验装置和干涉结果

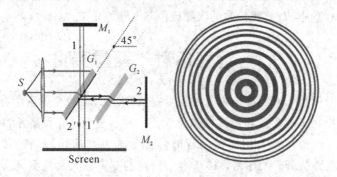

图 9-19　迈克尔逊干涉的实验光路图和实验结果

当 M_2 和 M_1 严格垂直时，若 M_2 移动，则表现为等倾干涉的圆环形条纹不断地从中心"冒出"或向中心"陷入"。两平面镜之间的"空气间隙"距离增大时，中心就会"冒出"一个个条纹；反之，则"陷入"一个个条纹。

当 M_2 和 M_1 不严格垂直时，则表现为等厚干涉条纹，如图 9-20 所示，中央干涉条纹光程差为

$$\delta = 2h = k\lambda \tag{9-19}$$

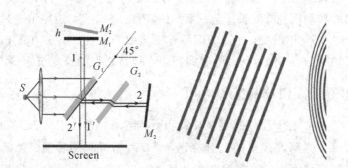

图 9-20　两镜面不垂直时的迈克尔逊干涉仪及实验结果

当 h 增大时，从中央视场"冒出"条纹，条纹密度增大；当 h 减小时，从中央视场"陷入"条纹，条纹密度变小；当 $h=0$ 时，视场只有一个亮条纹。

当 M_2 移动时，可以观察到视场中某一标记位置处条纹会发生移动，M_2 平移的距离 d

与条纹移动数 N 的关系满足：M_1 每平移 $\lambda/2$ 的距离时，视场中就有一条明纹移过。数出视场中移过的明纹数 N，可以估算出 M_1 平移的距离，即

$$\Delta h = N \frac{\lambda}{2} \tag{9-20}$$

1. 矿用光干涉型甲烷测定器

瓦斯爆炸是煤矿生产中最严重的灾害之一。甲烷是瓦斯气体的主要成分，规避煤矿事故的发生，必须加强对井下甲烷气体浓度的检测。光通过气体介质的折射率与气体的密度有关，若以空气室和瓦斯室都充入同密度的新鲜空气时产生的干涉条纹为基准，当瓦斯室充入含有瓦斯的空气时(抽气测定)，由于空气室中的新鲜空气和瓦斯室中的含瓦斯气体的密度不同，则会引起折射率的变化，光程也就随之变化，于是干涉条纹产生移动(如图 9-21 所示)，从而可以观察到干涉条纹移动的距离。

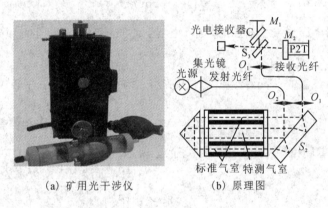

(a) 矿用光干涉仪　　　　(b) 原理图

图 9-21　矿用光干涉仪及其原理图

已知空气的折射率为 $n_0 = 1.000\,272$，甲烷的折射率为 $n_1 = 1.000\,411$，假设样品气室充入浓度为 $x\%$ 的甲烷气体，其折射率为

$$n_2 = n_1 \times x\% + n_0 \times (1 - x\%)$$

根据干涉原理，干涉条纹移动一个条纹间距，对应光程差的变化量为 λ，即

$$N\lambda = 2(n_2 - n_0)l$$

式中：N 为干涉条纹移动的条数，l 为气室的长度。

由于干涉条纹的位移大小与瓦斯浓度成正比，所以根据干涉条纹的移动距离就可以测得瓦斯的浓度，即甲烷的浓度为

$$x = 100 \times \frac{N\lambda}{2(n_1 - n_0)l}$$

思考题 9-9　如果在迈克尔逊干涉仪中放入一块薄膜，则薄膜厚度如何测定？

2. 风场探测技术

随着现代航天技术的发展，人类对太空的研究愈加深入，对外层空间大气信息的掌握愈加迫切；加之日益严峻的臭氧空洞、全球变暖等一系列气候与环境的问题，大气探测成为人类关注的热点问题之一。风是大气行为的表现者，风场速度和大气温度是其重要参

数,对风场速度与温度的探测是获取大气行为的重要方法,而利用迈克尔逊干涉仪可以完成探测。设两条谱线波长分别为 λ_1 和 λ_2,可见度为 V,干涉图的强度为

$$I = I_0[1 + V\cos(2\pi\sigma_0\Delta)]$$

式中:σ_0 为零风速时的波数,Δ 为光程差。

由电磁波的多普勒效应,当光源和观察者之间的相对速度 u 与两者连线成任意角 θ 时,观察者接收到的光源频率为

$$\nu = \nu_0 \frac{\sqrt{1-\left(\frac{u}{c}\right)^2}}{1-\frac{u}{c}\cos\theta} \approx \left(1+\frac{u}{c}\cos\theta\right)\nu_0$$

当光源靠近观察者时,u 取正值,当光源远离观察者时,u 取负值,波数为

$$\sigma = \left(1+\frac{u}{c}\cos\theta\right)\sigma_0$$

光程差分为两部分,即 $\Delta = \Delta_0 + \Delta'$,其中,$\Delta_0$ 为基准光程差(通过干涉仪定标获得),Δ' 为步进光程差,则有

$$I = I_0\left[1 + V\cos\left(2\pi\sigma_0\Delta_0 + 2\pi\sigma_0\Delta' + 2\pi\sigma_0\frac{u}{c}\Delta_0 + 2\pi\sigma_0\frac{u}{c}\Delta'\right)\right]$$

记 $\phi_0 = 2\pi\sigma_0\Delta_0$ 为干涉仪的零风速相位差,$\phi_1 = 2\pi\sigma_0\Delta'$ 为干涉仪的步进相位差,$\phi_3 = 2\pi\sigma_0\frac{u}{c}\Delta_0$ 是由风速产生的多普勒相移,对应于探测粒子的运动。

当步进光程差 Δ' 依次取为 0、$\lambda/4$、$\lambda/2$、$3\lambda/4$ 时,干涉图强度分别为

$$I_1 = I_0(1+V\cos\varphi)$$
$$I_2 = I_0(1-V\sin\varphi)$$
$$I_3 = I_0(1-V\cos\varphi)$$
$$I_4 = I_0(1+V\sin\varphi)$$

其中:$I_0 = \frac{I_1+I_3}{2} = \frac{I_2+I_4}{2}$,$V = \frac{\sqrt{(I_1-I_3)^2+(I_2+I_4)^2}}{2I_0}$,$\varphi = \arctan\frac{I_4-I_2}{I_1-I_3}$。

如果知道干涉条纹的可见度 V(它与光谱线型 Q、温度 T、光程差 Δ 有关),以及干涉图的多普勒相移量 ϕ_3,就可以反演出探测目标的温度 T 和风速 v。这就是基于迈克尔逊干涉仪的风场探测技术的基本原理。

9.3.2 迈克尔逊-莫雷实验及其他相关实验

1. 迈克尔逊-莫雷实验

舍弃了牛顿的微粒说,光在真空中的传播介质是什么?这是一个伴随着光速测定而产生的重大问题。19世纪由于科学界盛行一种机械观,致使大多数物理学家都对"以太"作为一种物质的存在深信不疑,并且凭借自然科学家自发的唯物主义,他们认为"以太"充满了整个宇宙,因此,"以太"不仅是牛顿绝对时空观的宇宙物质背景,还是光波和电磁波传播的介质。事实上,牛顿的绝对参照系即"以太"是否真的存在呢?

在经典物理学中,继牛顿力学之后的麦克斯韦电磁理论使经典物理学形成了一个完整

的理论体系，爱因斯坦的狭义相对论则进一步把它纳入四维时空的理论框架，给经典物理学画上了一个完满的句号。麦克斯韦电磁场方程组预言了电磁波的存在，赫兹用实验证实了电磁波的存在。人们设想，声波的传播需要空气作为介质，电磁波的传播也需要一种介质。当时把这种介质称作"以太"。人们毫不怀疑，当地球在以太中穿行时，地球以 30 km/s 的速度绕太阳运动，就必然会遇到 30 km/s 的"以太风"迎面吹来，一定可以通过测量"以太风"的速度，测量出地球相对于"绝对空间"的速度。但是由于光速巨大，直接测量光速然后进行比较的办法显然是行不通的。1879 年 3 月 19 日，麦克斯韦在写给美国航海历书局托德的信中就提到了测量地球相对以太运动速度的方法："如果地球相对以太运动，那么沿地球运动方向发出的一个信号到一定距离后反射回来，它在整个路程上往返所花的时间要稍微大于同样信号沿地球运动相反方向在相等的距离上往返所需的时间。"同时也说到："地球相对于以太的速度对双程时间的影响取决于地球速度与光速之比的平方，这个量太小，难以测出。"这封信正好被迈克尔逊看到了，当时他正在托德那里工作，协助那里的局长纽科姆进行光速实验。麦克斯韦的信件激励他设计出了一种绝妙的方法，他将一束光线一分为二，分别向两个相互垂直的方向传播，然后将这两束光通过平面镜反射回来进行叠加，由于它们是同频率的相干光波，因此叠加时会出现干涉现象，如图 9-22 所示。设想这套装置按照一定的方位摆放时记录到了某套干涉条纹，将整个装置旋转 90°，由于"以太风"对光传播影响的改变，两束光的速度也会相应地发生改变，从而导致叠加光束的光行差改变，干涉条纹就会发生移动。这样用相互垂直的两束光产生干涉来比较光速的差异的方法，实验的精度可以达到亿分之一，从而应该能够检测到"以太风"。

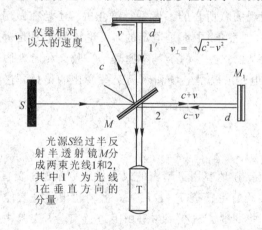

图 9-22　迈克尔逊-莫雷实验

　　假设装置在以太中向右以速度 v 运动，且从部分镀银的玻璃片到两面镜子的距离为 d，那么向右的那一束光在向右的过程中相对装置的速度为 $c-v$，花费的时间为 $d/(c-v)$，返回时的速度为 $c+v$，花费的时间为 $d/(c+v)$，总的时间为

$$t_1 = \frac{d}{c+v} + \frac{d}{c-v} = \frac{2d}{c} \frac{1}{1-\left(\dfrac{v}{c}\right)^2}$$

而对于向上的那一束光，光速都是 $\sqrt{c^2-v^2}$，总时间为

$$t_2 = \frac{2d}{\sqrt{c^2 - v^2}} = \frac{2d}{c} \frac{1}{\sqrt{1 - \left(\frac{v}{c}\right)^2}}$$

所以两束光的到达时间是不同的,光程差为

$$r_1 - r_2 = c\Delta t = c(t_1 - t_2)$$

实验时 $d = 1.2$ m,用镉的蒸气在放电管中所发出的红色光作光源,$\lambda = 593$ nm,条纹移动数目为

$$\Delta N = \frac{2(r_1 - r_2)}{\lambda} = \frac{2d}{\lambda}\left(\frac{v}{c}\right)^2 = 0.04$$

　　干涉仪的精度为 0.01。然而,迈克尔逊与莫雷先后进行了数百次实验,耗费了大量的精力,不断地改进实验装置以提高实验精度,不断地改变进行实验的地理位置,却从未观察到过干涉条纹的移动,这被称为实验的"零结果"。巧妙、缜密的迈克尔逊—莫雷实验看似"失败"了,也可以说企图测量地球绝对速度的希望破灭了。如何正确解释迈克尔逊—莫雷实验这个意外的结果,就成了摆在人们面前的一个重大问题。

　　后来他们又进一步提高仪器的稳定性,加长了光路 z,甚至把光路用铁管密封起来以防止空气干扰,把实验装置安装在高山上面,以避免由于地面的凹凸会带着"以太"一起运动而测不到"以太风",但是得到的结果却仍然是零。测量不出地球相对于以太的运动只有两种可能:或者地球根本就是不动的,或者假想的以太不存在。地球不动当然是不能接受的,这和所有的天文观测都不符合。因此,只有第二种可能,即电磁现象也遵从相对性原理,利用电磁现象判断观测者所在的参考系是静止的、还是在做匀速直线运动也是不可能的。光速在一切参考系(惯性系)中都是恒定的,无论该参考系是静止的、还是在做匀速直线运动。狭义相对论就是建立在这两个基本原理——狭义相对性原理和光速不变原理基础上的。现在我们知道,电磁波就是电场和磁场交替变化的传播,它根本不需要那种假想的传播介质——以太。

2. 其他相关实验

1) 密勒实验

　　1904 年,密勒和莫雷在地表用更精密的仪器做迈克尔逊—莫雷实验,实验结果比 1887 年迈克尔逊和莫雷的实验值更接近于 0。后来,密勒超出了地表空间,得到了不同寻常的结果。1921 年,密勒用相同的方法在威尔逊山上进行实验,实验中发现光相对于地球在以 10 km/s 的速度做漂移运动。密勒实验与相对论产生了矛盾。相对论的光速不变原理认为,光相对于所有惯性参考系的速度都是恒定的,也就是说,光相对于所有惯性参考系都是各向同性的;然而,密勒实验恰恰否定了这一点。密勒实验表明,地球的运动会带动其周围的无形态物质,这种带动随着与地表距离的增加明显减弱。

2) 光行差现象

　　在地球上,用望远镜观测任意一颗遥远的恒星,发现在地球轨道的不同位置上,用以观测的望远镜的方向有周期性的变化。观测方向与光传播方向的最大角弧度 $\alpha \approx 10$ rad。物理学家们用"以太"思想解释光行差现象,认为地球相对于"以太"以 30 km/s 的速度在运动,也就是说,地表上有 30 km/s 的"以太风"。这个结论和地表上的迈克尔逊—莫雷实验

相矛盾。

3）艾里实验

既然斐索实验中证明水可以带动光，在"以太"的框架下，人们推断，把望远镜中灌满水，将会看到与无水时不同的光行差现象。1871 年，艾里在望远镜中灌满了水，可是艾里仍然观察到与无水时一样的光行差现象。这是因为，当把光行差实验的望远镜中灌满水后，水并没有相对于地球运动，水的存在只是使望远镜中物质的密度比无水时大了，但物质相对于地球仍是静止的。光进入地表附近的物质空间后，水的存在并不会影响它的传播方向，所以仍能观测到与无水时相同的光行差现象。

* 9.4 激光干涉在工程中的应用

9.4.1 激光干涉调制器

以激光束作载波传递的信息称为调制信号。如果使激光的振幅、频率、相位、强度等参量按调制信号的规律变化，可以达到"运载"信息的目的。如图 9-23 所示，通常，激光干涉调制器可用于激光通信，其原理是将音频信号（或录放机语音信号）经电压放大后加在压电陶瓷片上作为调制信号。在此调制电压的作用下，压电陶瓷片的厚度将做微小变化，从而使相干光的光程差随之变化，这样干涉后的光强就受到了调制。

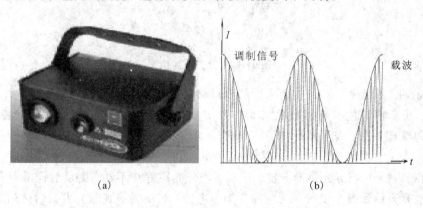

(a)   (b)

图 9-23 激光干涉调制器以及调制原理图

激光的光强度是

$$I(t) = A_c^2 \cos(\omega_c t + \varphi_c)$$

式中：A_c 为振幅，$\omega_c t + \varphi_c$ 为纵相位角，ω_c 为角频率，φ_c 为相位角。
强度调制的光强度为

$$I(t) \approx \frac{A_c^2}{2}[1 + k_p a(t)]\cos(\omega_c t + \varphi_c)$$

式中：k_p 是比例系数。设调制信号是单频余弦波，$a(t) = A_m \cos(\omega_m t)$，上式变为

$$I(t) \approx \frac{A_c^2}{2}[1 + m_p \cos(\omega_m t)]\cos(\omega_c t + \varphi_c)$$

式中：强度调制系数为 $m_p = k_p A_m$。

9.4.2 激光干涉仪在数控机床定位中的应用

数控机床在运行过程中,其定位精度会产生一定的误差,采用激光干涉仪对数控机床进行定位精度检测已经成为目前公认的高效、高精度的检测方法。

以雷尼绍 ML10 激光干涉仪测量机床的线性位移误差为例(如图 9 - 24 所示),该干涉仪主要由 XL 激光头(氦氖激光器)、环境补偿系统(采集现场环境的大气压和湿度以及机床的温度)、玻璃镜组件(准直辅助镜,线性干涉镜、线性反射镜和分光镜)、机械支撑件(机床转轴可自由调整,确保光路进入测量路径)及配套软件组成。ML10 激光干涉仪的精度为 $\pm 0.7 \times 10^{-6}$。激光束由激光头产生,当一束激光到达分光镜时,它被分裂成反射光束和透射光束。这两束光传播到反射镜后,都被反射到分光镜的同一个位置,分光镜对两个光束进行调制后,直接把光束传送到激光头的回光孔中,从而使这两束光在探测器中产生干涉条纹。

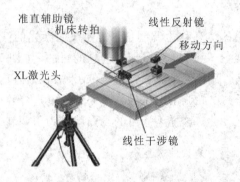

图 9 - 24　激光干涉仪

根据光的干涉原理,回光孔接收到的光纤会不断地产生明暗交替条纹。干涉相长时,产生明纹;干涉相消时,产生暗纹。在此过程中,激光干涉仪不断地记录明暗交替的次数。明暗条纹每交替一次,表明光走过了一个波长。光移动的距离为

$$\Delta l = n\lambda$$

若反射镜保持静止,则分光镜沿着轴线运动。若分光镜静止不动,则反射镜沿着预定的方向运动。把分光镜到激光发射器的距离作为参考值,当反射镜到激光发射器之间的距离发生变化时,激光发射器中条纹计数器的明条纹数值将会发生相应的变化。反射镜到激光头之间的距离为光移动距离的一半,即

$$l = \frac{\Delta l}{2} = \frac{n\lambda}{2}$$

第 10 章 光 的 衍 射

当你身处某一个角落时，可以听到远处的警报声，也能听到一个背向你的人说的话。那么，声音会转弯吗？光也会转弯吗？当点光源照射在障碍物上时，一些光会出现在阴影的区域中。一般情况下，当通过小孔时，光不会按照几何光学中的直线规律精确传播，其原因是：类似于声音，光是波。

本章我们探讨光的衍射。光通过孔径阵列后形成的特征模式取决于光的颜色和孔的大小，如色彩斑斓的蝴蝶的颜色、彩虹，以及光盘表面的反射现象（见图 10-1）等。此外，本章还将探讨衍射原理在成像系统、X 射线衍射检测及全息技术中的应用等。

图 10-1　光盘中的光学现象

10.1　衍 射 理 论

光作为一种电磁波，跟机械波一样存在衍射现象。光在传播过程中，若遇到尺寸与其波长可比拟的障碍物时，就不再遵循直线传播的规律，而会传到障碍物的阴影区并形成明暗相间的条纹，这就是光的衍射现象。

日常生活中经常会碰到衍射现象。例如，将手指并拢贴在眼前，透过指缝看一灯泡发光，就能看到衍射现象；傍晚时分，水面上漂亮的晚霞也是一种衍射现象（见图 10-2(a)）。另外，类似的衍射现象还有圆盘的衍射，图 10-2(b)所示为一点光源发出的光线经过一个圆形障碍物时所形成的衍射图样。从图中可以看到，圆盘的中心出现了一个亮斑，此亮斑称为泊松亮斑。

(a) 晚霞中的衍射

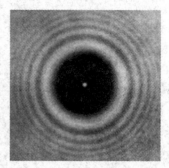
(b) 泊松亮斑

图 10-2　常见的衍射现象

利用惠更斯原理可以解释光偏离直线传播的现象。但是惠更斯原理并不能解释在屏上出现明暗条纹的原因。菲涅耳接受了惠更斯的次波概念，并根据波的叠加和干涉原理，提出了"次波相干叠加"的概念，发展了惠更斯原理，这就是惠更斯—菲涅耳原理。原理要点可定性表述为：从同一波面上各点发出的次波(子波)是相干波，在空间某点相遇时的叠加是相干叠加。

如图 10-3 所示，波前曲面 S 上的任一面积元 dS 在空间 P 点的振动方程为

$$dE = C \frac{AK(\theta)}{r} \cos\left(\omega t - 2\pi \frac{r}{\lambda}\right) dS \qquad (10-1)$$

则波前曲面 S 上的所有面积元 dS 在空间 P 点的振动方程为

$$E = \int_S dE = \int_S C \frac{AK(\theta)}{r} \cos\left(\omega t - 2\pi \frac{r}{\lambda}\right) dS \qquad (10-2)$$

式中：A 为波面上的光强分布因子，$K(\theta)$ 为倾斜因子，C 是常数。式(10-2)就是惠更斯—菲涅耳原理的数学表达式。菲涅耳用倾斜因子来说明波不能向后传播，他假设当 $\theta \geqslant \pi/2$ 时，$K(\theta)=0$，因而次波振幅为零。借助于惠更斯—菲涅耳原理，原则上可定量地描述光通过各种障碍物所产生的各种衍射现象。但对于一般的衍射问题，积分计算是相当复杂的。当光通过具有对称性的障碍物(如狭缝、圆孔等)时，用半波带法或振幅矢量合成法研究衍射问题较为方便。

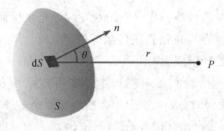

图 10-3　惠更斯—菲涅耳原理

根据光源、衍射孔(或障碍物)、屏三者之间的位置关系，可把衍射分为菲涅耳衍射和夫琅禾费衍射两类。

(1) 菲涅耳衍射: 光源或光屏距衍射孔(障碍物)为有限距离的衍射(见图 10 - 4(a))。

(2) 夫琅禾费衍射: 光源和光屏距衍射孔(障碍物)均为无限远的衍射(见图 10 - 4(b))。

本书只讨论夫琅禾费衍射, 这种衍射不仅分析较为简单, 而且也是大多数实用场合需要考虑的情形。

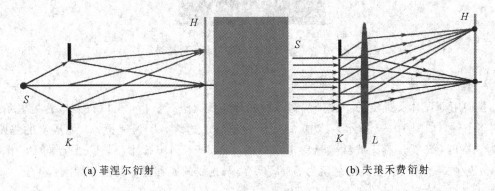

(a) 菲涅尔衍射　　　　　　　　(b) 夫琅禾费衍射

图 10 - 4　两种衍射的示意图

思考题 10 - 1　彩虹和海市蜃楼是不是光的衍射现象? 你在生活中还见到哪些光的衍射现象?

思考题 10 - 2　实验中如何实现夫琅禾费衍射?

10.2　单缝衍射法测量金属膨胀系数

10.2.1　单缝衍射

1. 实验装置及实验结果

一束平行光垂直照射到宽度与光的波长可比拟的狭缝时出现的衍射现象叫作单缝衍射。图 10 - 5 是单缝夫琅禾费衍射的实验原理图 S 为光源, a 为单缝缝宽, φ 为一衍射角。由图可见, 光经过狭缝时会绕过缝的边缘向阴影区衍射, 衍射光经透镜会聚到焦平面处的屏幕上, 形成衍射条纹, 这种条纹叫作夫琅禾费单缝衍射条纹。图 10 - 6 是入射光为绿光时的单缝衍射结果, 由图可知条纹明暗相间, 但中间区域的亮条纹要宽一些。

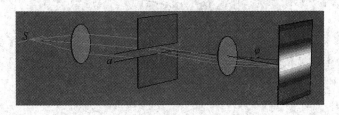

图 10 - 5　单缝夫琅禾费衍射的实验原理图

图 10 - 6　绿光照射时的单缝衍射结果

2. 明暗纹条件

我们用菲涅耳所提出的半波带法对条纹的分布情况进行分析,可以得到单缝衍射条纹的明暗条件,如图 10 - 7 所示,其中,A、B 为单缝的边缘,L 为透镜,f 为透镜的焦距,H 为观察屏,P 为屏幕上光线经透镜汇聚后的一点,P_0 为屏幕中心,过 A 点向 BC 作垂线,交点为 C。暗纹中心是衍射角为 φ 的边缘两条光线的光程差 δ 的条件如下:

$$\delta = BC = a\sin\varphi = \pm 2k \cdot \frac{\lambda}{2}, \ k = 1, 2, \cdots \tag{10-3}$$

而明纹中心条件为

$$\delta = BC = a\sin\varphi = \pm(2k+1) \cdot \frac{\lambda}{2}, \ k = 1, 2, \cdots \tag{10-4}$$

中央明纹范围为

$$-\frac{\lambda}{a} < \sin\varphi < \frac{\lambda}{a} \tag{10-5}$$

式中:$2k$ 和 $2k+1$ 是半波带数,$k = 1, 2, \cdots$是干涉级次。若 k 值增加,φ 角增大,即半波带数增多,则每一个半波带的面积减小,因而明纹中心级数越高,其亮度就越小$\left(\text{其中,衍射角} \ \varphi \ \text{的取值范围为} -\frac{\pi}{2} < \varphi < \frac{\pi}{2}\right)$。

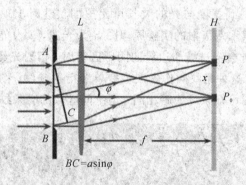

图 10 - 7　单缝衍射原理图

3. 条纹特点

综合上述分析结果,单缝衍射条纹具有以下特点:

(1) 在图 10 - 7 中,P_0 点为透镜的焦点,衍射条纹到 P_0 点的距离为 x,则 $x = f\tan\varphi$。在 φ 角很小的条件下,可认为 $\tan\varphi \approx \sin\varphi \approx \varphi$。在此条件下得到中央明条纹的角宽度

$\Delta\varphi_0 = 2\dfrac{\lambda}{a}$，线宽度 $\Delta x_0 = f\Delta\varphi_0 = 2f\dfrac{\lambda}{a}$；其他明条纹的角宽度 $\Delta\varphi = \dfrac{\lambda}{a}$，线宽度 $\Delta x = f\dfrac{\lambda}{a}$（如图 10-8 所示）。

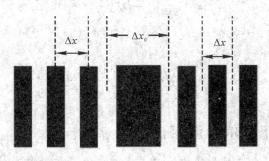

图 10-8　单缝衍射条纹间距

（2）单缝宽度 a 越小，入射光波波长 λ 越大，明条纹的角宽度和线宽度就越大，衍射越明显。当 $a \gg \lambda$ 时，$\Delta\varphi = 0$，光做直线传播。

（3）固定透镜 L 的位置不动而使单缝的位置做上下微小平移，衍射图样的位置不变。

（4）当复色光入射时，中央 0 级明纹中心仍为复色光的混合，其他级明纹呈现彩色，且 λ 越小的条纹越靠近中心位置。高级次彩色条纹将出现重叠。由衍射产生的彩色条纹叫作衍射光谱，如图 10-9 所示。衍射条纹光强分布如图 10-10 所示，其中，I/I_0 表示光强的相对分布。

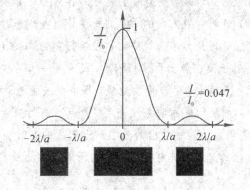

图 10-9　白光照射时的单缝衍射光谱分布　　图 10-10　单缝衍射条纹光强分布

*10.2.2　单缝衍射法测量金属膨胀系数

通过测量单缝衍射条纹的间距可以得到狭缝的宽度，而缝宽会随固体材料的膨胀而发生变化，由此可通过测量得出固体的膨胀系数。下面通过实验来测量固体膨胀系数。

（1）实验装置：激光器；金属碰撞系数测量仪；两个刀片；接收屏；待测样品（铜棒）等。

（2）实验原理：假设样品铜棒的长度为 L_0，当温度由 t_0 升高到 t 时，它的长度由 L_0 伸长到 L。与此同时，狭缝的缝宽由 a_0 变为 a，设膨胀系数为 α，则

$$\Delta a = \Delta L = L - L_0 = \alpha L_0 (t_0 - t) \tag{10-6}$$

设狭缝到接收屏的距离为 D，当波长为 λ 的激光垂直入射时，由于温度的变化，衍射图像的 $\pm l$ 级暗纹的间距由 $2d_0$ 变成 $2d$，由单缝衍射公式可得

$$\Delta a = a - a_0 = D\lambda\left(\frac{1}{d} - \frac{1}{d_0}\right) \tag{10-7}$$

则由式(10-6)、式(10-7)可得

$$\alpha = \frac{\Delta L}{L_0(t - t_0)} = \frac{D\lambda\left(\frac{1}{d} - \frac{1}{d_0}\right)}{L_0(t_0 - t)} \tag{10-8}$$

阅读材料　　菲涅尔半波带法

如图 10-11 所示，如果衍射角为 φ 的两条边缘光线的光程差恰好等于垂直入射的平行单色光的半波长的整数倍，即

$$\delta = BC = a\sin\varphi = k\frac{\lambda}{2} \tag{10-9}$$

这就相当于把 BC 等分成 k 个 $\frac{1}{2}\lambda$ 宽度。作一系列平行于 AC 且相距 $\frac{1}{2}\lambda$ 的平面，这些平面把波面 AB 切割成了 k 个波带 ΔS。由于波带等宽等面积，因此所有波带发出的光的强度都可以看成近似相等。相邻波带的中心以及各对应点发出的光到屏幕的光程差均为 $\frac{1}{2}\lambda$，故这些波带称为半波带。于是，相邻两半波带的各对应子波将两两成对地在屏幕上相干叠加而相消。依此类推，若该衍射方向的 BC 的长度恰好是偶数个半波带，则叠加的总效果使屏幕上呈现为干涉相消，该处为暗条纹中心；若该衍射方向的 BC 的长度恰好是奇数个半波带，则相邻半波带衍射子波在屏上干涉相消后，还剩余一个半波带发出的光未抵消而在屏上形成明纹。显然，衍射角越大，半波带数越多，每个半波带 ΔS 的面积就越小，即剩余的半波带发出的光能量越小，故所形成的明条纹亮度亦越弱。若对应于某衍射方向，BC 不能恰好划分为整数个半波带，则剩余的波带发出的光在屏上形成的条纹亮度介于明暗之间。当衍射角 $\varphi = 0$ 时，各半波带发出的光没有光程差，所有的子波干涉相长，干涉产生最亮的中央明纹。

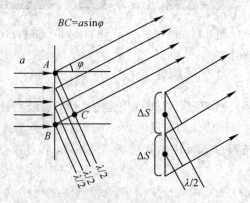

图 10-11　菲涅尔半波带法

10.3 望远镜的分辨本领

望远镜又称"千里镜"，是一种利用透镜、反射镜以及其他光学器件来观测遥远物体的光学仪器。它利用光线的折射或反射在小孔会聚成像，再经过一个目镜放大而使观察者看到远处的物体。

望远镜的第一个作用是放大远处的物体，使人眼能看清角距更小的细节信息；第二个作用是把物镜收集到的比瞳孔直径（最大 8 mm）粗得多的光束送入人眼，使观测者能看到原来看不到的暗弱物体。1608 年荷兰的一位眼镜商汉斯·利伯希偶然发现用两块镜片可以看清远处的景物。受此启发，他制造了人类历史上的第一架望远镜。1609 年意大利佛罗伦萨的伽利略·伽利雷发明了 40 倍双镜望远镜，这是第一部投入科学应用的实用望远镜。经过 400 多年的发展，望远镜的功能越来越强大，观测的距离也越来越远。图 10-12(a)所示为哈勃望远镜，其长为 13.3 m，直径为 4.3 m。图 10-12(b)所示为 500 m 口径球面射电望远镜，简称 FAST 望远镜。

(a)　　　　　　　　　　(b)

图 10-12　两种望远镜结构图

望远镜的主要参数有放大倍数、视场角、出瞳直径、分辨率、有效口径和聚光力等，其中分辨率是影响成像质量的主要因素。通常光学仪器中（包括望远镜）所使用的透镜、光阑都是圆形的，所以研究圆孔夫琅禾费衍射对评价仪器成像质量具有重要意义。

10.3.1 圆孔夫琅禾费衍射

平行光通过小圆孔后经透镜聚焦于屏幕上所形成的衍射叫作夫琅禾费圆孔衍射。平行单色光入射到圆孔上，圆孔所在的波面上各点发出的子波经过透镜会聚在焦平面的不同点，根据惠更斯—菲涅耳原理分析可得：衍射图样中央是一明亮圆斑（称为爱里斑），占入射光强的 84%，外圈是明暗相同的同心圆环，如图 10-13 所示。

图 10-13　圆孔衍射实验结果

10.3.2　瑞利判据

　　点光源(如天上的一颗星)发出的光经望远镜的物镜所成
的像并不是几何光学中所说的一个点,而是一个有一定大小的衍射斑。当两颗亮度大致相同、相隔很近的星体所成的两组衍射像斑的中央亮斑(爱里斑)重叠很少或没有重叠时,则能分辨出这两颗星。如图10-14所示,S_1 和 S_2 是两个点光源,L 是一个透镜,S_1' 和 S_2' 是两光源经过透镜后所成的像斑中心。若两个中央亮斑大部分重叠,则难以分清楚。为了给光学仪器规定一个最小分辨角的标准,通常采用瑞利判据。这个判据规定,当一个点光源像斑的中心刚好落在另一个点光源像斑的中央亮斑边缘(第一级暗纹)上时,认为刚刚能分辨出这两个点光源,如图10-15所示。

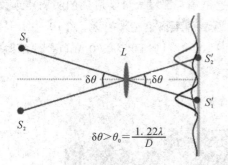

图 10-14　能分辨两个点光源的情况

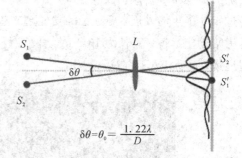

图 10-15　刚好能分辨两个点光源的情况

　　两个强度相同的不相干的点光源,其中任一个点光源的衍射图样的爱里斑中心刚好落在另一个点光源衍射图样的第一级暗纹处,则光学系统刚好能分辨这两个点光源。如图10-16所示,当两个点光源相距较远时,它们的张角大于爱里斑的半角宽度($\theta_0 \approx \sin\theta_0 = 1.22\frac{\lambda}{D}$),即 $\delta\theta > \theta_0$,则能清楚地分辨这两个点光源;当两个点光源的张角满足 $\delta\theta = \theta_0$,则刚好能分辨这两个点光源;当两个点光源相距很近,即 $\delta\theta < \theta_0$ 时,则不能分辨这两个点光源。

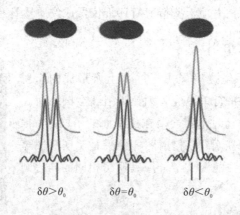

图 10-16　三种情况的比较

　　根据瑞利判据，由圆孔夫琅禾费衍射爱里斑半角宽度公式可知，光学系统最小分辨角满足：

$$\delta\theta = \theta_0 = 1.22\frac{\lambda}{D} \tag{10-10}$$

通常，光学仪器的分辨本领（也称分辨率）R 定义为最小分辨角的倒数：

$$R = \frac{1}{\delta\theta} = \frac{D}{1.22\lambda} \tag{10-11}$$

　　可以看出，最小分辨角与波长成正比，与透光孔径成反比；分辨本领与波长成反比，波长越小分辨本领越大。分辨本领又与仪器的透光孔径成正比，故采用直径较大的透镜可以提高望远镜的分辨本领。由式(10-11)可知，光学仪器的最小分辨角是由光的波动性决定的，因此该分辨极限是不可避免的。图 10-17 是两幅由远及近的车灯图，可见距离变近后才能分辨出两盏车灯。

图 10-17　由远及近的车灯图

　　思考题 10-3　登月宇航员能够在月球上用肉眼分辨地球上的人工建筑——中国的长城吗？

　　例题 10-1　月球距离地面约为 $S = 3.68 \times 10^5$ km，设月光的波长 $\lambda = 550$ nm，计算月球表面上相距多远的两点才能被地面上直径 $D = 5$ m 的天文望远镜所分辨。

　　解　由望远镜的最小分辨角 $\delta\theta = 1.22\frac{\lambda}{D}$ 可知，月球上相距为 d 的两点对望远镜中心的张角为

$$\delta\theta' = \frac{d}{S}$$

由 $\delta\theta = \delta\theta'$，有

$$\frac{d}{S} = 1.22\frac{\lambda}{D}$$

从而可得

$$d = 1.22\frac{\lambda}{D}S = 51.8 \text{ m}$$

10.4　光栅光谱仪

10.4.1　光栅的衍射

1. 光栅及其衍射现象

透射光栅是由大量等宽等间距的平行狭缝组成的光学元件,且狭缝透光,缝间不透光。如图 10-18 所示,设不透光部分的宽度为 b,透光部分的宽度为 a,则 $d=a+b$ 为相邻两缝间的距离,叫作光栅常数。实际的光栅通常在 1 cm 内刻制有成千上万条平行狭缝。

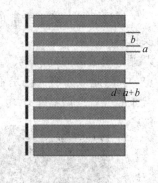

图 10-18　透射光栅示意图

光栅的衍射条纹是多缝干涉和单缝衍射的综合结果。一般来说,这些衍射条纹与单缝衍射条纹相比有明显的差别,其主要特点是:明条纹又亮又细,明条纹之间有较暗的背景,并且随着缝数的增多,屏上的明条纹越来越细,也越来越亮。如果入射光由波长不同的成分组成,则每一波长都将产生与之对应的位置不同的又细又亮的明纹,即光栅有色散分光作用。正是由于光栅衍射条纹的这一特点,加之近几十年来光栅刻制技术的飞速发展,迄今已能在 1 mm 内刻制数千条线,总缝数可达 10^5 量级,光栅摄谱仪已用于从远红外直到真空紫外摄谱,广泛应用于物理学、化学、天文、地质等基础学科和近代生产技术的许多部门。

当白光或复色光照射到光栅上时可出现明显的衍射现象。图 10-19 为实验室中常见的光栅及其衍射光谱,图 10-20 为光栅的衍射现象,其中,图(c)中的光盘表面出现了彩色条纹(为了存储数据,光盘表面被激光刻上了很多不同间距的凹槽和刻线,这样就类似于光栅的表面了)。当光线照射到光栅或者光盘表面时,由于存在衍射现象,不同波长光波的衍射角度不同,光盘表面就呈现出了不同的颜色。

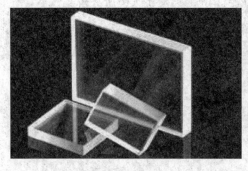

(a) 常见的光栅

(b) 光栅的衍射光谱

图 10-19　光栅及其衍射光谱

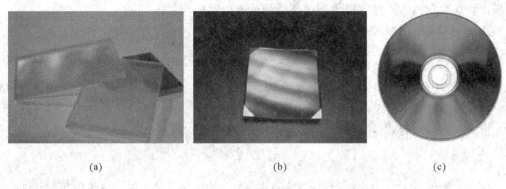

(a)　　　　　　　　(b)　　　　　　　　(c)

图 10 - 20　光栅的衍射结果

2. 光栅方程

当平行单色光垂直照射光栅时，每个缝均向各方向发出衍射光，发自各缝具有相同衍射角的一组平行光都会聚于屏上同一点，这些光波彼此叠加产生干涉，称为多光束干涉。如图 10 - 21 所示，波长为 λ 的单色光垂直入射到光栅常数为 d 的光栅上，衍射屏 H 放置在透镜的后焦面上，f 为透镜的焦距。在衍射角 φ 的方向上，任意相邻两个缝发出的光到达屏幕上 P 点的光程差均为 $d\sin\varphi$，若

$$d\sin\varphi=(a+b)\sin\varphi=\pm k\lambda,\ k=0,1,2,\cdots \tag{10-12}$$

则其他任意两缝沿该方向发出的光到达屏上的光程差也一定是 λ 的整数倍，于是，各缝沿该方向射出的衍射光在屏上会聚时均相互加强，形成干涉明条纹。

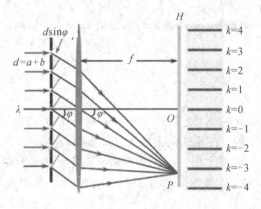

图 10 - 21　正入射时的光栅衍射

式(10 - 12)是光栅衍射中最重要的公式，称为光栅方程。其中，k 为明条纹级数，这些明条纹细窄而明亮，通常称为主极大条纹。正负号表示各级主极大在零级主极大两侧对称分布。

此时，P 点的合振幅应是来自一条缝的衍射光振幅的 N 倍(N 为光栅的总缝数)，合光强则是来自一条缝的 N^2 倍，所以光栅的多光束干涉形成的明条纹的亮度要比单缝发出的亮度大得多，故光栅缝的数目越多，明条纹越亮。

3. 缺级现象

光栅衍射的不同位置的主极大是来源于各个狭缝的不同方向的衍射光的干涉加强，即

光栅方程所决定的各干涉主极大条纹要受到单缝衍射的调制。

在满足单缝衍射暗纹中心条件

$$a\sin\varphi=\pm 2k'\cdot\frac{\lambda}{2},\ k'=1,\ 2,\ \cdots \qquad (10-13)$$

的衍射方向,恰好同时满足干涉主极大条件,即光栅方程式(10-12)时,对应于该衍射角 φ 的主极大条纹并不出现,这称为光谱线的缺级现象。

由式(10-12)和式(10-13)可知,缺级的主极大级次满足:

$$k=\frac{a+b}{a}k' \qquad (10-14)$$

例如,如图 10-22 所示,N 为光栅的总缝数,当 $a+b=3a$ 时,缺级的级数为 $k=3$,6,9,…因此,在研究光栅衍射图样时,除考虑缝间干涉外,还必须考虑单缝的衍射,即光栅衍射是干涉和衍射的综合结果。

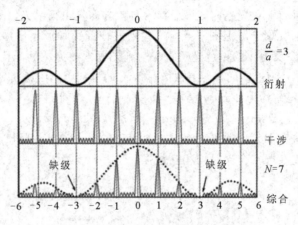

图 10-22　光栅衍射的综合结果

4. 暗纹

在光栅衍射中,相邻两主极大之间还分布着一些暗条纹,这些暗条纹是由各缝射出的衍射光因干涉相消而形成的。在相邻两主极大之间分布有 $N-1$ 个暗条纹和 $N-2$ 个光强极弱的次级明条纹,这些明条纹几乎是观察不到的,因此实际上在两个主极大之间是一片连续的暗区。缝数 N 越多,暗条纹也越多,因而暗区越宽,主极大则越细。

5. 斜入射光栅方程

如果平行光束倾斜地入射到光栅上,入射方向与光栅平面法线之间的夹角为 i,则光栅方程为下列形式:

$$d(\sin\varphi-\sin i)=k\lambda,\ k=0,\ 1,\ 2,\ 3,\ \cdots \qquad (10-15)$$

式中:φ 为衍射角,其取值范围为 $-\dfrac{\pi}{2}\sim\dfrac{\pi}{2}$。

10.4.2　光栅光谱的特点

1. 光栅光谱

由光栅方程可知,在光栅常数一定时,主极大衍射角的大小和入射光的波长有关。若用白光照射光栅，则各种波长的单色光将产生各自的衍射条纹，除中央明纹由各色光混合仍为白光外，其余两侧的各级明纹都由紫到红对称排列着，这些彩色光带叫作衍射光谱，如图 10 - 23 所示。由于波长短的光的衍射角小，波长长的光的衍射角大，因此紫光靠近中央明纹，红光远离中央明纹，且级数较高的光谱中有部分谱线是彼此重叠的。

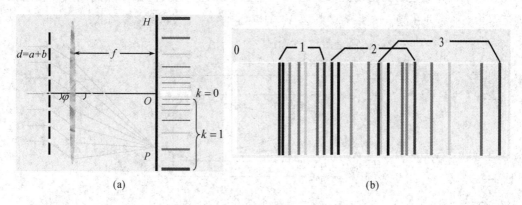

图 10 - 23 光栅光谱

由于不同元素（或化合物）各有自己特定的光谱，因此由谱线的成分可以分析出发光物质所含的元素或化合物，并且还可以从谱线的强度定量地分析出元素的含量。这种分析方法叫作光谱分析，在科学研究和工业技术上有着广泛的应用。

2. 光栅的色散

当复色光入射时，除零级外各波长的衍射亮条纹会分开，各色同级亮条纹分开的程度可用光栅的色散来表示，定义如下：

角色散：

$$\frac{\mathrm{d}\varphi}{\mathrm{d}\lambda} = \frac{k}{d\cos\varphi}(弧度/埃)$$

当 φ 较小时

$$\frac{\mathrm{d}\varphi}{\mathrm{d}\lambda} \approx \frac{k}{d}$$

线色散：

$$\frac{\mathrm{d}l}{\mathrm{d}\lambda} = \frac{\mathrm{d}\varphi}{\mathrm{d}\lambda} \cdot f \approx \frac{k}{d} \cdot f(毫米/埃)$$

可见光栅的色散与入射波长无关，它仅取决于光栅常数 d 和亮线级次 k。色散是衍射光栅的重要特性参数。

3. 光栅的色分辨本领

光栅的色分辨本领用波长 λ 与它附近能被分辨的最小波长差 $\Delta\lambda$ 的比值来表示，即

$$R = \frac{\lambda}{\Delta\lambda} = kN \tag{10-16}$$

式中：k 是光谱级次，N 是光栅的总缝数。可见光栅的色分辨本领与光谱级次和光栅的总缝数都有关。

10.4.3　光栅光谱仪原理

1. 光栅光谱仪介绍

光栅光谱仪是进行光谱研究和光谱分析的重要装置，它的主要作用是测定光谱组成，包括波长、强度和轮廓等，图 10-24 是其通用光路图。

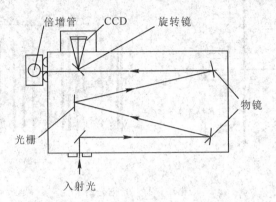

图 10-24　光栅光谱仪通用光路图

入射光由狭缝入射，经反光镜反射后，首先照射在准直物镜上，然后由准直物镜反射到衍射光栅上。被光栅分光后的复色光形成各个独立的光谱，再经物镜反射后形成不同颜色的狭缝像(也叫光谱)，最后由 CCD 接收或经光电倍增管放大接收。因此，光谱仪器至少应具备三种功能：

(1) 可以将被研究的光按波长分解开来。

(2) 可以测定各波长的光所具有的能量或能量按波长的分布情况，测量谱线的轮廓或宽度。

(3) 可以记录能量按波长的分布情况，并以光谱图的方式显示出来。

2. 光栅光谱仪的基本特性

光栅光谱仪的基本特性有工作光谱范围、色散率、分辨率、光强度及工作效率等。

(1) 工作光谱范围是指使用光谱仪所能记录的光谱范围。如果改变光栅表面反射膜层的光谱反射率，反射式光栅可以记录整个光学光谱区。

(2) 色散率表示从光谱仪中出射的光线在空间彼此分开的程度，或者在物镜焦平面上会聚成像时彼此分开的距离。

(3) 分辨率表示光谱仪分开波长极为接近的两条谱线的能力，是光谱仪重要的性能指标。两条光谱线能否被分辨，不仅取决于仪器的色散率，还和这两条谱线的强度分布及其相对位置有关，也与接收系统有关。瑞利认为，当两条强度相同的谱线的相邻衍射最大值和最小值相互重叠时，刚好能分辨出这两条谱线，此时可以得到光栅的理论分辨率。

思考题 10-4　常见的分光仪器有哪些？光栅形成的光谱与玻璃棱镜形成的色散光谱有何不同？

3. 光栅光谱仪测量氢原子光谱，分析氢原子结构

氢原子的结构是所有原子中最简单的，其线光谱也具有明显的规律，对其他原子光谱线的规律性的研究正是在氢原子的基础上得到突破的。20 世纪上半叶，人们对氢原子光谱的研究结果在量子论的发展中起到了重要作用。1913 年玻尔建立的氢原子理论成功地解释了包括巴尔末线系在内的氢原子光谱的规律。事实上，氢原子的每一条谱线都不是一条单独的线，而是具有非常精细的结构，用普通的光谱仪很难分辨，因而很容易被当成一条线。而光栅光谱仪具有高精度分光能力，可以很好地将氢原子的谱线分开，从而实现分析氢原子结构的目的。

例题 10 - 2 波长 $\lambda = 600$ nm 的单色光垂直入射在一光栅上，有 2 个相邻主极大明纹分别出现在 $\sin\varphi_1 = 0.20$ 和 $\sin\varphi_2 = 0.30$ 处，第四级缺级。求：

(1) 光栅常数；

(2) 光栅狭缝的最小宽度；

(3) 实际观察到的条纹级数。

解 (1) 根据光栅方程可知，对于第 k 级主极大：

$$d\sin\varphi_1 = k\lambda$$

对于第 $k+1$ 级主极大：

$$d\sin\varphi_2 = (k+1)\lambda$$

则

$$d = \frac{\lambda}{\sin\varphi_2 - \sin\varphi_1} = 6 \times 10^{-6} \text{ m}$$

(2) 缺级级数为 $k = k'\dfrac{d}{a}$，令 $k' = 1$，得光栅狭缝最小宽度为

$$a_{min} = \frac{d}{k} = \frac{6 \times 10^{-6}}{4} = 1.5 \times 10^{-6} \text{ m}$$

(3) 在 $\varphi = \pm 90°$ 方向上的衍射级数有 $d\sin(\pm 90°) = k\lambda$，得

$$k = \pm\frac{d}{\lambda} = \pm 10$$

则缺级条纹为 $\pm 4, \pm 8$。

因此，实际观察到的条纹共 15 条，级数如下：

$0, \pm 1, \pm 2, \pm 3, \pm 5, \pm 6, \pm 7, \pm 9$

而在 $\varphi = \pm 90°$ 方向，衍射光与光栅方向平行，无法观察到衍射条纹。

例题 10 - 3 用每毫米内有 500 条缝的光栅观察钠光谱线。

(1) 平行钠光以 $i = 30°$ 的角度入射光栅，在光屏上观察到的最高谱线级次是多少？并和垂直入射时的结果进行比较。

(2) 如果 $d = 2a$，在光屏上可以看到多少条谱线？

(3) 当光线正入射时，在单缝衍射主极大范围内共有多少条谱线？

(4) 如果用白色平行光垂直照射光栅，发生重叠的谱线级数为多少？

解 如图 10 - 25 所示，在非垂直入射光栅时，相邻两个狭缝发出的光在衍射前的光程差为

$$AB = d\sin i$$

在衍射角 φ 方向发生衍射后的光程差为

$$CD = d\sin\varphi$$

相邻两个缝发出的光在 P 点的光程差为

$$CD-AB=d(\sin\varphi-\sin i)$$

光栅方程为

$$d(\sin\varphi-\sin i)=k\lambda$$

其中 φ 的取值范围为 $-\dfrac{\pi}{2}\sim\dfrac{\pi}{2}$。

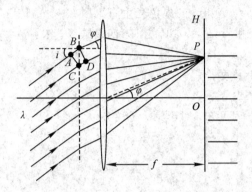

图 10-25   非垂直入射时的光栅衍射

(1) 光栅常数为

$$d=\frac{1}{500}\text{ mm}=2\times10^{-6}\text{ m}$$

将 $\varphi=-\dfrac{\pi}{2}$ 和 $d=2\times10^{-6}$ m 代入光栅方程得

$$k=\frac{2\times10^{-6}\left[\sin(-90°)-\sin 30°\right]}{589.3\times10^{-9}}\approx-5.1$$

即在 $\varphi=-\dfrac{\pi}{2}$ 方向上可观察到最高级次 $k=-5$ 的谱线。

将 $\varphi=\dfrac{\pi}{2}$ 和 $d=2\times10^{-6}$ m 代入光栅方程得

$$k=\frac{2\times10^{-6}(\sin 90°-\sin 30°)}{589.3\times10^{-9}}\approx1.7$$

即在 $\varphi=\dfrac{\pi}{2}$ 方向上可观察到最高级次 $k=1$ 的谱线。

在 $\varphi=i$ 的方向上,$k=0$ 为零级谱线。当光线正入射时,$i=0$,$k=\dfrac{d\sin\varphi}{\lambda}$,将 $\varphi=\pm\dfrac{\pi}{2}$ 和 $d=2\times10^{-6}$m 代入光栅方程得

$$k=\frac{2\times10^{-6}\sin(\pm90°)}{589.3\times10^{-9}}\approx\pm3.4$$

此时谱线关于光轴对称,可观察到最高级次 $k=3$ 的谱线。

(2) 如果 $d=2a$,则

$$k=k'\frac{d}{a}=2k',\ k'=\pm1,\ \pm2,\ \pm3,\ \cdots$$

缺级谱线为

$$k=\pm 2, \pm 4, \pm 6, \cdots$$

当光线以 $i=30°$ 入射时，在光屏上可以看到的谱线为 -5，-3，-1，0，$+1$，共 5 条；当光线以 $i=0°$ 入射时，在光屏上可以看到的谱线为 -3，-1，0，$+1$，$+3$，共 5 条。

（3）当光线正入射时，单缝衍射一级极小 $k'=\pm 1$，缺级谱线 $k=\pm 2$，主极大范围内有 3 条谱线，即 -1，0，$+1$，如图 10-26 所示。

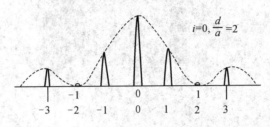

图 10-26　缺级情况分析图

（4）当白色平行光垂直照射光栅时，紫光的第 $k+1$ 级谱线和红光的第 k 级谱线发生重叠，满足：

$$d\sin\varphi=(k+1)\lambda_V, \quad d\sin\varphi=k\lambda_R$$

令 $k\lambda_R=(k+1)\lambda_V$，得 $k=1.1$，即从第二级谱线开始发生重叠。

*10.5　X 射线衍射及 DNA 衍射图谱分析

10.5.1　X 射线衍射

X 射线是伦琴于 1895 年发现的，又称伦琴射线。它是波长极短的电磁波，波长为 $10^{-4} \sim 10$ nm，用普通光栅观测不到它的衍射现象。晶体中晶格间距为 10^{-1} nm 左右，呈现出有规则的点阵结构，相当于一个三维的立体光栅。1912 年德国劳厄用晶片代替光栅观测到了 X 射线的衍射现象，1913 年苏联乌利夫和英国布喇格父子通过晶片反射也观测到了 X 射线的衍射现象。

1. X 射线管

X 射线管是一个真空管，如图 10-27 所示，K 是发射电子的热阴极，A 为钨、钼等金属制成的阳极（又称为对阴极），K、A 之间加上 10 kV 以上的高压，以获得高速电子束，高速电子束轰击阳极，从阳极发射出 X 射线。

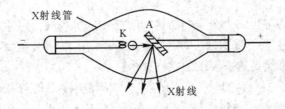

图 10-27　X 射线管

2. 劳厄实验

如图 10-28 所示，在劳厄实验中，当 X 射线穿过晶片时，在感光底片上就可以获得 X 射线的衍射图样。劳厄实验不仅证明了 X 射线的波动性，也证明了晶体具有点阵结构。劳厄实验是分析晶体结构的一种有效方法。

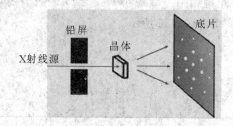

图 10-28　劳厄实验

3. 乌利夫—布喇格公式

乌利夫和布喇格父子认为：晶体由一系列平行规则排列的微粒(原子或离子)层构成，X 射线照射到的每一个微粒都是新的波源，它们会向外发出子波形成散射，在这些散射中，符合反射定律的射线的强度最大；各个子波叠加会产生干涉现象。如图 10-29 所示，相邻两晶面反射光的光程差为

$$\delta = OA + OB = 2d\sin\varphi$$

式中：d 为晶格常数，φ 为掠射角。由此得到乌利夫—布喇格公式：

$$\delta = 2d\sin\varphi = k\lambda, \quad k = 1, 2, \cdots \tag{10-17}$$

满足式(10-17)的位置衍射最强，利用式(10-17)可测得晶格常数 d 或 X 射线的波长 λ。

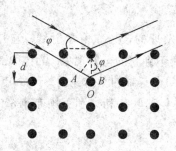

图 10-29　晶体的衍射

上述原理是分析晶体结构的基本方法，在现代工程技术中有着广泛的应用。

10.5.2　生物大分子结构的 X 射线衍射分析

研究核酸、蛋白质等生物大分子的结构和功能构成了当前分子生物学的重要内容，因为它们是构成生命的主要物质基础。测定生物大分子的三维结构需要高分辨率的方法和技术。X 射线衍射分析是满足这一要求的唯一技术。

图 10-30 是用旋进相机拍摄的猪胰岛素三方晶体的零层衍射照片，从图中可以清楚地看到衍射花样的格子特征和每个格子点上的不同强度。因此，一个分子晶体的衍射花样是一个具有特征衍射强度分布的三维球体格子，每个格子的几何性质取决于晶体中晶格的

类型和空间排布，其强度分布取决于晶格中分子的结构。

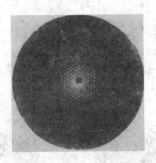

图 10-30　猪胰岛素三方晶体的衍射照片

　　X 射线衍射分析一般可以分为两步：第一步，测量晶体衍射的各种几何参数，通过这些参数求得该晶体所属的晶系、晶胞参数、空间群等，这称为 X 射线晶体学研究；第二步，测量衍射点的强度，导出分子结构，这称为 X 射线晶体结构分析。一般分子的每一部分对所有衍射花样都有贡献，因此必须测量所有衍射点的强度。

　　如何从衍射强度重构分子结构呢？X 射线的主要作用对象是包围着原子核的一定数目的电子云，求得电子云的密度分布，就可重建该物质分子的结构。根据傅里叶分析方法，衍射花样中的每一个衍射点都是一个正弦谐波，它的数学表达式为

$$A_{j,k,l} = |A_{j,k,l}| \cos\varphi_{j,k,l} + \mathrm{i}|A_{j,k,l}| \sin\varphi_{j,k,l} \tag{10-18}$$

式中：j、k、l 是衍射点的空间坐标，$|A_{j,k,l}|$ 为振幅，$\varphi_{j,k,l}$ 为相位。只有通过全息的方法，才能求出全部的 $A_{j,k,l}$ 和 $\varphi_{j,k,l}$。遗憾的是，至今尚没有可使用的 X 光激光，也就得不到 X 光全息照相，因此只能得到振幅这个信息，而丧失了相位信息。

　　一旦求得了全部的振幅信息 $A_{j,k,l}$，就可以利用傅里叶分析得到三维电子密度分布：

$$\rho(x,y,z) = \frac{1}{V} \sum_j \sum_k \sum_l A_{j,k,l} \exp[-2\pi\mathrm{i}(jx+ky+lz)] \tag{10-19}$$

　　获得三维电子密度分布后，可以用 X 射线衍射分析来获得物质分子的结构，这个过程与一个光学显微系统的成像过程类似，图 10-31 是 X 射线衍射成像分析的流程图。由于 X 光的穿透性极强，至今没有任何透镜系统可以将它会聚成像，只能借助数学计算来实现。在数字模拟中，可以把一个傅里叶变换的作用等价于一个会聚透镜，人们有时称它为"数学透镜"。X 射线显示的是分子的三维图像，包含着空间的全部结构信息，这也是其他同类技术所不能达到的。

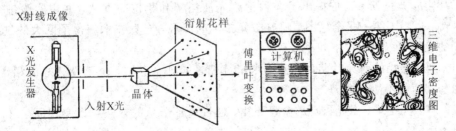

图 10-31　X 射线衍射成像分析

10.5.3　DNA 衍射图谱的分析

　　将 DNA 纯化结晶,生成晶体后,再使用 X 射线投射到 DNA 晶体上,X 射线将产生衍射,衍射结果符合布拉格公式。根据图谱与布拉格公式,可计算出 DNA 的结构。利用 X 射线照射 DNA 分子,观察射线在照相底片上产生的衍射花样,可以推测出分子排列,如图 10 - 32(a)所示。

 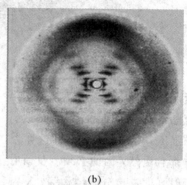

(a)　　　　　　　　　　　　　　　　(b)

图 10 - 32　利用衍射原理检测 DNA

　　最关键的研究成果是 1952 年 5 月拍摄的第 51 号图谱,如图 10 - 32(b)所示,照片中心 X 射线反射(变黑部分)的图像是交叉螺旋形的,顶部和底部最浓黑的部分说明嘌呤碱和嘧啶碱垂直于螺旋轴,每隔一定的规律出现一对。对 A 型 DNA、B 型 DNA 拍摄了多张 X 射线衍射图谱后,人们发现在翻转 180°之后看起来还是一样,说明这两条链是反向的。

　　在得到 51 号图谱时,人们还得到了一些数据。然而,解读 DNA 晶体 X 射线衍射图谱需用到很复杂的数学计算。

*10.6　全息技术及其应用

　　我们看到的世界是三维的、彩色的,这是因为每个物体发射的光波被人眼接收时,光的强弱、方向和颜色都不同。从波动光学的观点来看,光的特征主要取决于光波的振幅、相位和波长。一般的照相技术只能记录光波的强度(振幅信息),所以人们只能看到二维平面图片。而在全息照相中,人们能看到景物逼真的三维立体像。从诞生到现在的 70 多年里,全息技术取得了很大的进展,已经被广泛应用于科学研究和生产生活中。

　　1948 年,丹尼斯·盖伯提出了一种记录光波振幅和相位的方法,并用实验进行了验证,制成了世界上第一张全息图。随着激光技术的出现,全息技术获得了巨大的进展。全息照相的发展可以分为以下四个阶段:

　　(1) 全息照相的萌芽时期,主要用水银灯记录同轴全息图,由于没有好的相干光源,再现像和共轭像不能分离。

　　(2) 用激光记录、激光再现的全息照相,通过离轴全息的方法可以实现原始像和共轭像的分离。

　　(3) 用激光记录、白光再现的全息照相,主要有反射全息、像全息及彩虹全息等。

（4）用白光记录全息图。

10.6.1　全息照相的原理

干涉记录、衍射再现是全息照相的基本原理，它是一种二步成像的照相技术，利用物光和参考光在感光胶片上进行干涉叠加，从而形成全息照片，再运用衍射原理使之再现，因此全息照相包括全息记录和全息再现两个过程。

1. 全息记录

如图 10-33 所示，激光器射出的光束经扩束后被分束镜分成两束，一束为参考光，直接投射到感光底片上；另一束为物光，经反射镜反射后照射到物体上，再经过物体反射到感光板上。两束光在感光板上产生干涉，形成干涉条纹。设物光波和参考光波分别为

$$O(x,y)=A_O(x,y)\cdot e^{-i\varphi(x,y)} \tag{10-20}$$

$$R(x,y)=A_R(x,y)\cdot e^{-i\phi(x,y)} \tag{10-21}$$

式中：A_O、A_R、φ，ϕ 分别为物光波和参考光波的振幅及初相位。当两束光波发生干涉后，其合成的光波为

$$U(x,y)=O(x,y)+R(x,y) \tag{10-22}$$

合成的光强为

$$
\begin{aligned}
I(x,y)&=U(x,y)\cdot U(x,y)^* \\
&=[U_O(x,y)+U_R(x,y)][U_O(x,y)+U_R(x,y)]^* \\
&=A_O^2(x,y)+A_R^2(x,y)+A_O(x,y)A_R(x,y)e^{i(\varphi-\phi)}+A_O(x,y)A_R(x,y)e^{-i(\varphi-\phi)} \\
&=A_O^2(x,y)+A_R^2(x,y)+2A_O(x,y)A_R(x,y)\cos(\varphi-\phi)
\end{aligned}
$$

$$\tag{10-23}$$

式中：前两项是物光波和参考光波产生的光强分布，第三项是干涉项，它在感光板上产生明暗相间的条纹。干涉条纹的反衬度记录了物光波的振幅信息，干涉条纹的几何特征记录了物光波的相位信息，因此称为全息记录。

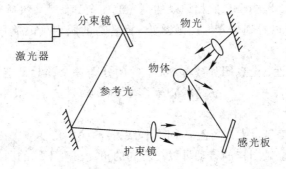

图 10-33　全息记录

2. 全息再现

由于感光板上记录的并不是物体的几何图形，而是包括物光波全部信息的干涉图样。因此，需要用一个与参考光束相同的再现光波去照射全息图，才能再现物体的全息像。如图 10-34 所示，全息再现时图中出现了两个像，分别是虚的再现像和实的共轭像。

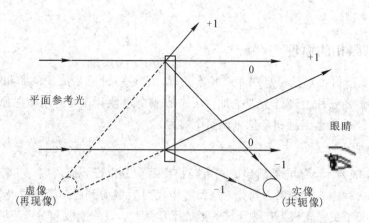

图 10 - 34　全息再现

再现过程如下：设再现光复振幅分布为 $R(x, y)$，全息图的振幅透过率为
$$t(x, y) = t_0 + \beta T I(x, y)$$
则透过全息图的光场为
$$U(x, y) = U_R(x, y) t(x, y)$$
$$= (t_0 + \beta T A_R^2) A_R e^{-i\phi} + \beta T A_R A_O^2 e^{-i\phi} + \beta T A_R^2 A_O e^{-i\varphi} + \beta T A_R^2 A_O e^{-i(2\phi - \varphi)}$$

$$(10 - 24)$$

式中：第一项是被衰减的再现光，称为零级衍射波；第二项是再现光方向上的透射光，一般可以忽略；第三项是一级衍射波，为光波的准确再现虚像，逆着光波可以看到逼真的立体图像；第四项是负一级衍射波所形成的共轭全息实像。

通过上述两个一实一虚的全息像，所看到的景物是三维立体的，犹如现实中的物体一样。

3. 全息图的特点

全息照相的原理决定了它具有以下特点：

（1）三维立体性。因为全息照相记录的是光波的全部信息，包括振幅信息与相位信息，所以通过全息照相可以看到逼真的三维图像。而普通的照相只记录了振幅信息，得到的是二维的平面图像。

（2）信息可分割性。全息照片被打碎后，它的任何一个碎片都能再现完整的物体信息（因为形成的全息照片中每一个位置都包含了物体的所有信息），只是碎片越大，再现信息的亮度就越亮。

（3）角度复用，信息量大。全息记录时，可以转动底片角度多次拍摄，并将其记录在同一个底片上。再现时，做同样的转动可以在不同的角度出现不同的图像。

（4）亮度可变。全息图的亮度会随着再现光的亮度发生改变，再现光愈强，像的亮度就愈强，反之愈暗。

（5）再现像可缩放。由于衍射角与波长有关，因此用不同波长的光照射全息图时，再现像就会相应地放大或者缩小。

思考题 10 - 5　全息照相和普通照相的区别是什么？全息照相的优缺点是什么？

思考题 10 - 6　如何实现白光再现及彩虹全息？

10.6.2　全息技术的应用

1. 全息投影

全息投影是使用一种近乎透明的特殊屏幕，相当清晰地表现出投影内容，当光源和图形控制得当，并且观看角度固定时，可以出现逼真的立体效果。虽名为"全息"，但实际上全息投影投的是 2D 影像。

2. 360°幻影成像

利用 360°幻影成像技术，可使真人和虚幻人同台出现，实现影像与实物的结合，亦幻亦真，效果奇特。此外，还可配加触摸屏实现与观众的互动。这种技术将三维画面悬浮在实景的半空中成像，具有强烈的纵深感。它也适合于名表、名车、珠宝展示及工业产品的演示，给观众完全立体的感觉。

2014 年美国 Billboard 音乐盛典于当地时间 5 月 18 日 14 点在拉斯维加斯的米高梅大酒店举行。在该次典礼上，主办方采用幻影成像技术，让天王巨星迈克尔·杰克逊"复活"了，人们再次领略了天王的风采。据悉，为了重现迈克尔·杰克逊，制作方花了近 6 个月的时间为节目进行制作。

这种显示方式使用金字塔形的投射玻璃，从四个平面分别投射物体四个角度的图像，加上刻意使物体保持旋转，因此，虽然这种显示方式也是 2D，但真实感甚至比 3D 还强。

3. 街头立体画

在一些科技馆或展览馆中，我们经常会看到 3D 立体画。这些画给人以强大的视觉冲击，让人流连忘返，过目不忘。画中事物既能深藏画中，又能飘逸画外，栩栩如生，活灵活现，被誉为"有生命的图像"（如图 10-35 所示）。

图 10-35　立体画

立体画是利用特种光栅材料及立体影像合成技术在平面上制作的具有立体效果的画作，人们观察时不需要借助任何仪器或工具，一眼就能直接看到立体影像。立体画摸上去是平的，看上去是立体的，同时具有突出的前景和深邃的后景，景物逼真，打破了传统平面图像的一成不变，为人们带来了新的视觉感受。

立体画的制作原理为：光栅正面是均匀、等间距的半圆棱柱，反面是平面的。在光线从反面传播到正面的过程中，半圆棱柱的折射使光线方向发生了改变，人眼从正面观看时，就会对反面的画面位置产生视觉差。如果把设计好的画粘贴到光栅反面，当从正面看时，人眼产生的视觉差会在大脑中形成立体感，画中事物或飘出画面，或深陷其中，具有极强的视觉效果。

4. 激光阅读

激光阅读是利用光学原理将文字或图片信息存储在全息图像中,通常情况下,这些信息不会显现出来。但当人们用特定的激光笔照射时,借助特殊的材料(如硫酸纸或白纸),即可看到隐藏的信息。这些信息可以是个别文字、特殊的标识、设计的图像,甚至是整篇文章。

5. 全息图像防伪技术

1996 年我国公安部将透明激光全息防伪图像应用到居民身份证上,将身份证用一层透明膜整体覆盖。在光线下观察身份证正面时,不但能看清证件内容,还能看到透明膜上显现出来的彩虹全息图像。普通的激光全息图像一般采用镀铝的聚酯膜,以增加反射光的强度,使再现图像更加明亮,但这样的激光彩虹模压全息图是不透明的。透明激光全息图像实际上就是取消了镀铝层,将全息图像直接模压在透明的聚酯薄膜上。全息图像防伪技术在日常生活中有着广泛的应用。全息防伪标志如图 10-36 所示。

图 10-36　全息防伪标志

6. 光学微缩

光学微缩是指将文字信息用缩小的方式记录在全息图上。人们仅凭肉眼无法辨认,但在放大镜下可观察到具体内容。一般情况下,中文可缩至 0.1 mm,英文可缩至 0.05 mm。

7. 低频光刻

在全息干板上,以非干涉的方式将预先设计好的条纹花样以微缩的形式直接记录在全息图上,这些花样的条纹密度是普通干涉条纹的 1/10,其直观效果是在全息图上某些部位具有类似金属光泽的衍射花样。条纹花样可以是计算机产生的全息图,但可用激光再现其信息。

8. 随机干涉条纹

如果在制作全息图时引入随机调制,就可在全息图上记录随机干涉花样。这些花样具有的特征是不可重复的，即使同一个人使用同样的方法，在不同的时刻所设计的花样都不会相同，因此具有很好的防伪效果。目前随机干涉条纹除静态平面干涉条纹外，已发展到动态立体干涉条纹，仿冒者根本无法复制。

9. 莫尔干涉加密

根据莫尔原理，两套周期性结构的条纹重叠时可产生第三套不同周期结构的花样，从而可实现在其中一套条纹中改变其相位，并编码一个图案，这种图案在平时是隐藏且不可分辨的，只有当它与另一套周期性条纹重叠时，图案才可以显现出来，莫尔条纹如图 10 - 37 所示。

(a)　　　　　　　　　　　　　　(b)

图 10 - 37　莫尔条纹

10.6.3　激光全息无损检测技术在工业上的应用

无损检测诊断技术是在不损伤被检测对象的条件下，利用由于材料内部结构异常或缺陷存在所引起的对声、光、电、热、磁等物理条件反应的变化，来探测各种工程材料、零部件等内部和表面的缺陷，并对缺陷的类型、性质、形状、尺寸、位置、分布及其变化做出相应的判断和评价指导。随着现代科学技术的发展，无损检测技术也得到了迅速的发展。在轮胎检测领域，由于轮胎是橡胶与布帘、尼龙丝等交叠制成的，在交叠处易混入杂质，出现气泡、脱层等缺陷，利用常规仪器很难检测出来，因此容易造成废品出厂，形成事故隐患。从 1974 年开始，郑州工学院和桂林曙光橡胶研究所研制的 SJQL - 1500E 型轮胎全息无损检测仪，只需进行一次双曝光即可检测整个轮胎的质量，且无检测盲区，在飞机轮胎检测上得到了应用。到目前为止，国际上第七代轮胎全息无损检测仪已经投入使用。

1. 尺寸检测

利用相位外差的原理可以制成一种高精度全息长度比较仪，相位外差的原理是使光路中的一个波面引进一个频率为 ω 的相位调制，从而有可能取得对相位差 δ 的精确测量，调制后的光强为

$$I=I_0\left[1+\cos\left(\omega t+\frac{2\pi\delta}{\lambda}\right)\right]$$

式中：I_0 为原始强度。把测量光强转变为测量相位，其精确度达 $\lambda/100$。

图 10-38 是一台全息比较仪的光路系统及装置原理。激光波长可选择 $\lambda=480$ nm，调制器是一定直径的圆形光阑，可以用来扫描物光束。半径不同时，圆光栅距不同，当光栅线数为 500 条时，可以得到频率为 $100\sim500$ kHz 的调制。选择参考光与物光束的亮度比为 2：1，可得到对比清晰的干涉条纹，干涉条纹的间隔为 $\lambda\cos\theta/2$，其中 θ 为物光束与轮胎端面的夹角，一般取 $\theta=30°$。测量时先用标准轮胎进行对零操作，然后移动工作台，使干涉条纹完全消失，完成对零操作；接着放上被测轮胎，测定干涉条纹的变动情况。

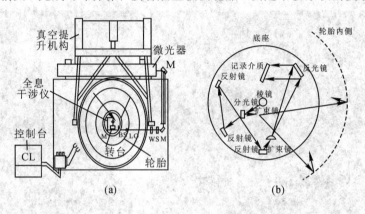

图 10-38　全息比较仪

2. 裂纹探测

当物体表面或接近表面处存在裂纹时，位移场中干涉条纹局部会发生异常变化，可以以此来发现裂纹，或实时观察裂纹的生成。特别是在被检测表面不能抛光或不能直接接触的情况下，全息技术具有特殊的优势，可以实现全场检测（而不是逐点检测）。

图 10-39(a)是表面形变二次曝光全息干涉原理图，利用该方法可以比较两波面沿观察方向的相位差或光程差，但由一张全息图只能观察到沿观察方向的形变分量。假设在垂直于表面的方向发生的微小位移为 x，照明光和表面方向成 α 角，观察角为 β，其光程差为

$$\delta=x(\cos\alpha+\cos\beta)$$

相位差为

$$\Delta\phi=\frac{2\pi\delta}{\lambda}=\frac{2\pi}{\lambda}x(\cos\alpha+\cos\beta)$$

进而可以得到干涉图上的光强分布为

$$I(x,y)=2O_0^2(x,y)\left\{1+\cos\left[\frac{2\pi}{\lambda}x(\cos\alpha+\cos\beta)\right]\right\}$$

$$=4O_0^2(x,y)\cos^2\left[\frac{\pi}{\lambda}x(\cos\alpha+\cos\beta)\right]$$

当 $\Delta\phi=\pi x(\cos\alpha+\cos\beta)/\lambda$ 的改变量为 π 时，会出现一个条纹的变化，即

$$x(\cos\alpha+\cos\beta)=\lambda$$

连续 N 个条纹的变化的形变量为 $N\lambda/(\cos\alpha+\cos\beta)$。当 $\alpha=\beta=0$ 时，在垂直表面沿位移方

向观察时，每个条纹相当于发生了 $\lambda/2$ 的形变。

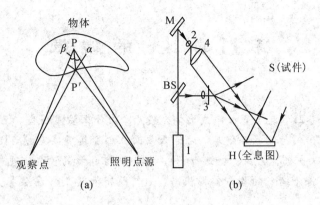

图 10 - 39 二次曝光全息

图 10 - 39(b)是探测微小裂纹的二次曝光全息装置原理图。BS 是一个分束镜，M 是一个反射镜，S 是一个高强度合金钢试件，此工件上有两排螺孔，可测沿螺孔径向外扩张的微小裂纹，激光器可选择氦氖激光器。参考光束与物光束分别通过带有针孔滤波的扩束镜 2 和 3，参考光束经透镜 4 后用来照明全息底片 H，试件 S 和光学系统均置于具备稳定和隔振的花岗岩平板上。实验证明，这样的装置在恶劣环境下也能很好地工作。

轮胎缺陷部位的大小可由全息图的异常畸变条纹确定，而部位的深度也可通过异常条纹的间距大小来确定，但有时在全息图再现干涉条纹对观察方位比较敏感，全息图中虽然已经记录了有缺陷的干涉条纹，却有可能因观察角度选择得不恰当而发现不了，造成漏判的现象。为此，我们还可以采用全息照相的方法进行检验，通过检测物体的三维位移提高检测精度，这将是轮胎激光全息检测进一步的发展方向。

第11章　光　的　偏　振

　　夏日艳阳下、冬日雪地里，人们戴上偏光镜后，为什么眩光消失，视界更清晰了？观看立体电影时，戴上一副特制的眼镜后，为什么画面立刻变得真实震撼，犹如身临其境一般？液晶屏幕无处不在(手机、电脑、电视……)，它是如何成像的？这些现象都与光的偏振特性密切相关。本章将介绍光的各种偏振状态，如何获得和鉴别各种偏振光，以及偏振光的应用。

11.1　偏振光和自然光

11.1.1　光的偏振性

　　光的干涉和衍射现象说明了光的波动性，那么光是横波还是纵波呢？纵波的振动方向和传播方向相同，横波的振动方向和传播方向垂直。纵波的振动状态对传播方向具有轴对称性，而对于横波来说，在某一瞬间通过波的传播方向且包含振动矢量的那个平面显然和其他不包含振动矢量的任何平面有区别，这通常称为波的振动方向对传播方向没有对称性。波的振动方向对于传播方向的不对称性叫作偏振，它是横波区别于纵波的一个最明显的标志，只有横波才有偏振现象。

　　光的电磁理论指出，光是电磁波，电场强度矢量 E 和磁感应强度 B 的振动方向与波的传播方向垂直，并且 E 和 B 之间也相互垂直(如图 11－1 所示)，因此光波是横波，具有偏振性。实验表明，在光波中，产生感光作用、生理作用等大多数光学现象的主要是电场强度矢量 E。通常我们以电场强度的方向表示光波的振动方向，将电场强度矢量 E 称为光矢量，E 的振动称为光振动。

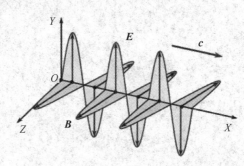

图 11－1　光的偏振性

11.1.2　线偏振光

　　光矢量 E 与光的传播方向垂直，但是在垂直于光的传播方向平面内，光矢量 E 还可能有各种不同的振动状态。如果光矢量始终沿某一方向振动,这样的光就称为线偏振光。沿着光的传播方向看,光矢量端点的轨迹就是一条直线。我们把光的振动方向和传播方向组成的平面称为振动面。由于线偏振光的光矢量保持在固定的振动面内,因此线偏振光又称平面偏振光。线偏振光可用图 11 - 2 所示的方法表示,图中用短线和黑点分别表示在纸面内和垂直于纸面的光振动,箭头表示光的传播方向。

图 11 - 2　线偏振光的表示方法

11.1.3　自然光

一个原子或分子每次发光所发出的波列可以认为是线偏振光,它的光矢量具有一定的方向。但是从微观上看,普通光源(如太阳、LED 灯、日光灯管)是由大量原子或分子组成的,各个原子或分子的发光是一个自发辐射的随机过程,彼此没有关联。若在同一时刻观测大量原子或分子发出的大量波列,这些波列的振动方向和相位是无规则的、随机变化的,光矢量可以分布在轴对称的一切可能的方向上,即光矢量对光的传播方向是轴对称分布的。另一方面,一般情况下观测时间总比微观发光的持续时间(约为 10^{-8} s)长得多,因此在观测时间内,实际接收到的仍是大量的偏振波列,各波列之间的相位彼此没有关联,光矢量也是轴对称分布的。因此,在垂直于光传播方向的平面上看,几乎各个方向都有大小不等、前后参差不齐而变化很快的光矢量的振动,这种光称为自然光,它是非偏振的。自然光可看作是轴对称分布、无固定相位关系的大量线偏振光的混合。按照统计平均来说,无论哪个方向的振动都不比其他方向更占优势,即光矢量的振动在各方向上的分布是对称的,振幅也可看作完全相等(如图 11 - 3 所示,图中 A_1 和 A_2 分别表示分解得到的这两个相互垂直的线偏振光的振幅)。因此,我们可以沿任意两个相互垂直的方向,将自然光分解为两个相互独立的、等振幅的线偏振光,光强各自等于自然光光强的一半。自然光可用图 11 - 4 所示的方法表示,短线和黑点交替均匀画出,表示光振动对称且均匀分布。

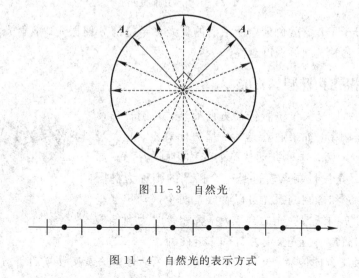

图 11 - 3　自然光

图 11 - 4　自然光的表示方式

11.1.4　部分偏振光

在光学实验中，如果采用某种方法将自然光的两个相互垂直的独立振动分量中的一个完全消除或移走，只剩下另一个方向的光振动，就获得了线偏振光。如果只是部分地移走一个分量，使得另外两个独立分量不相等，就获得了部分偏振光。部分偏振光中的这两个独立分量仍然是不相干的，不能合成为一个矢量。部分偏振光可以看作完全偏振光和自然光的混合。部分偏振光的表示方法如图 11-5 所示，其中图(a)表示垂直于图面的电矢量较强的部分偏振光，图(b)表示平行于图面的电矢量较强的部分偏振光，图(c)表示在光的传播方向上，任意一个场点上振动矢量的分布。设 I_{max} 为某一部分偏振光沿某一方向上所具有的能量最大值，I_{min} 为某一部分偏振光沿某一方向上所具有的能量最小值，则通常用偏振度

$$P = \frac{I_{max} - I_{min}}{I_{max} + I_{min}}$$

来表示偏振的程度。在 $I_{max} = I_{min}$ 的特殊情况下，$P = 0$，这就是自然光。因此，自然光是偏振度等于 0 的光，也叫作非偏振光。在 $I_{min} = 0$ 的特殊情况下，$P = 1$，这就是线偏振光，所以线偏振光是偏振度最大的光。

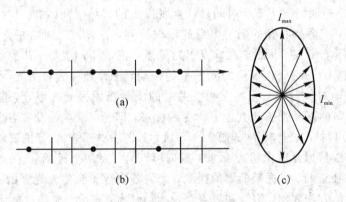

图 11-5　部分偏振光

在晴朗的日子里，蔚蓝色天空所散射的日光多半是部分偏振光。散射光与入射光的方向越接近垂直，散射光的偏振度越高。

11.1.5　圆偏振光和椭圆偏振光

光传播时，如果光矢量绕着传播方向旋转，其旋转角速度对应于光的角频率。如果迎着光的传播方向观察，光矢量端点的轨迹是一个圆，这种振动状态的光称为圆偏振光(如图 11-6 所示)。光矢量端点轨迹是一个椭圆的则称为椭圆偏振光。圆偏振光和椭圆偏振光可以看成是两个振动相互垂直、相位差为 π/2 的线偏振光的合成，振幅相等时为圆偏振光。圆偏振光和椭圆偏振光又有左旋和右旋两种。

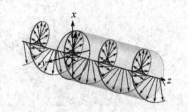

图 11-6　圆偏振光

设光沿 z 轴正方向传播，迎着光的传播方向看，若光矢量按照逆时针方向旋转，则称

为左旋圆偏振光；若光矢量按照顺时针方向旋转，则称为右旋圆偏振光，如图 11 - 7 所示。

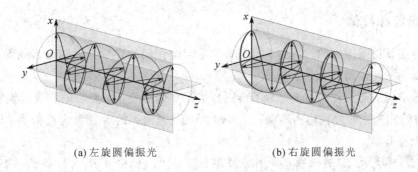

(a) 左旋圆偏振光　　　　　　　　(b) 右旋圆偏振光

图 11 - 7　圆偏振光的两种形式

11.2　利用偏振片获得线偏振光

除激光器等特殊光源以外，普通光源发出的光通常都是自然光(非偏振光)。从自然光中获得偏振光是很容易的。下面将介绍几种常用的获得线偏振光、部分偏振光、椭圆偏振光和圆偏振光的方法。本节主要介绍如何使用偏振片获得线偏振光、检验线偏振光，以及偏振光相关的应用。

11.2.1　偏振片

有些晶体对振动方向不同的光矢量具有选择吸收的性质，如电气石，它能强烈地吸收与晶体光轴垂直的光矢量，而对与光轴平行的光矢量吸收得较少，这种性质称为二向色性。然而天然单晶体的大小和数量极大地限制了大面积偏振光的产生与偏振光的普遍应用。广泛使用的偏振片是一种用人工方法制成的二向色性多晶体薄膜。有机晶体(如硫酸碘奎宁)有强烈的二向色性，把它们沉淀在聚氯乙烯膜或其他塑料膜中，当这些薄膜经过一定方向的拉伸后，二向色性多晶体便会按拉伸的方向整齐排列，并在薄膜的垂直方向上表现出和单晶体一样的二向色性，即仅对某一方向的光振动有强烈的吸收，而对与之垂直的光振动吸收很少，可以让其透过，如图 11 - 8 所示。把薄膜夹在两片透明塑料片或玻璃片之间，便成为偏振片，它轻便、便宜，也比较容易制成大面积的偏振片。

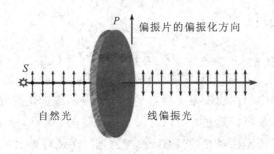

图 11 - 8　偏振片

偏振片基本上只允许某一特定方向的光振动通过，从而可以获得线偏振光。我们把这个透光方向称为偏振片的偏振化方向或透振方向,也叫透光轴。

11.2.2　起偏和检偏

从自然光获得偏振光的过程称为起偏,产生起偏作用的光学元件称为起偏器。偏振片就是一种常用的起偏器。

人眼无法识别光振动的方向。为了辨别自然光和偏振光,需要借助装置来检测光波是否偏振,检验偏振光的过程称为检偏。这种检验光是否偏振的装置称为检偏器。偏振片同样可以作为检偏器。

如图 11-9 所示,自然光垂直照射偏振片 P_1 后起偏,偏振片 P_1 为起偏器,透过的线偏振光的光强只有入射自然光光强的一半。自然光由偏振片 P_1 起偏后再垂直照射偏振片 P_2,以光的传播方向为轴转动偏振片 P_2,观察透射光的光强,我们发现透射光的光强做周期性变化,例如,由亮逐渐变暗,再由暗逐渐变亮,旋转一周将出现两次最亮和最暗。当两个偏振片的偏振化方向平行时,透射光的光强最大,当两个偏振片的偏振化方向垂直时,透射光的光强最小,近似为零,这种现象称为"消光"现象。可见此处偏振片 P_2 的作用是检验入射光是否为偏振光,故可用作检偏器。

若入射到 P_2 的是自然光,转动 P_2,则透射光强不变。若入射到 P_2 的是部分偏振光,则能观察到两次光强最强和两次光强最弱,但不会出现光强为零的情况。

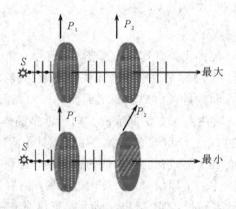

图 11-9　起偏和检偏

11.2.3　马吕斯定律

线偏振光通过偏振片的光强变化规律遵守马吕斯定律。

设入射线偏振光的光矢量振动方向和偏振片偏振化方向的夹角为 α,如图 11-10 所示,将经过起偏器以后出射的线偏振光沿着平行于检偏器偏振化的方向和垂直于它的方向分解,因为只有平行分量可以透过,所以透射光的振幅为 $A = A_0 \cos\alpha$,又因为光强与振幅的平方成正比,且不考虑器件对光的吸收,故透射光的光强可表示为

$$I = I_0 \cos^2\alpha \tag{11-1}$$

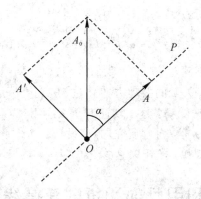

图 11-10　马吕斯定律用图

式(11-1)称为马吕斯定律,是法国物理学家马吕斯在 1808 年发现的。

由式(11-1)可知,当偏振片偏振化方向与偏振光偏振方向平行,即 $\alpha=0$ 或 π 时,出射光强最大;当偏振片偏振化方向与偏振光偏振方向垂直,即 $\alpha=\dfrac{\pi}{2}$ 或 $\dfrac{3\pi}{2}$ 时,出射光强为零,即"消光"。

例题 11-1　一束自然光入射在相互重叠的 4 块偏振片上,4 块偏振片偏振化方向相互之间的夹角为 $\alpha=30°$,求透射光强。

解　图 11-11 所示为光通过 4 块偏振片后振动方向变化的情况,A_1、A_2、A_3、A_4 分别表示光通过 4 块偏振片后透射光的振幅。设入射自然光光强为 I_0,因为自然光可以沿任意方向分解为两个相互独立的、等振幅的线偏振光,光强各等于自然光光强的一半,所以可将入射自然光沿着平行于偏振片 P_1 的偏振化方向和垂直于偏振片 P_1 的偏振化方向进行分解,得到经过偏振片 P_1 后透射光的光强 I_1 为

$$I_1=\frac{1}{2}I_0$$

经过偏振片 P_2 后透射光的光强 I_2 为

$$I_2=I_1\cos^2\alpha=\frac{1}{2}I_0\cos^2\alpha$$

经过偏振片 P_3 后透射光的光强 I_3 为

$$I_3=I_2\cos^2\alpha=\frac{1}{2}I_0\cos^4\alpha$$

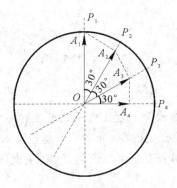

图 11-11　例题 11-1 用图

经过偏振片 P_4 后透射光的光强 I_4 为

$$I_4 = I_3 \cos^2\alpha = \frac{1}{2} I_0 \cos^6\alpha = 0.21 I_0$$

思考题 11-1　通过解答例题 11-1，我们发现这也是一种将光矢量的振动方向转过 90°的方法，那么要实现"将光矢量的振动方向转过 90°"这一功能最少需要几个偏振片呢？还有其他的方法能实现这一功能吗？这一功能有什么应用？

思考题 11-2　(实验探究题/自主研究题)请设计一个实验方案，测量通过两个偏振片后的光强，研究光强变化的规律，给出表达式。

11.3　利用反射和折射获得线偏振光

当一束自然光入射到两种介质的界面上时，不仅传播方向会发生改变(反射光和折射光的传播方向由反射定律和折射定律决定)，而且偏振态也会发生改变。通过研究反射光和折射光偏振态的变化规律，可以获得(或滤除)线偏振光，据此制作的偏振器件可广泛应用于激光器、太阳镜、相机等器材中。

11.3.1　布儒斯特定律

实验发现当自然光入射到两种介质的分界面时，反射光和折射光一般都是部分偏振光，在特殊情况下，反射光会成为线偏振光。

思考题 11-3　如何在实验中验证上述结论。

如图 11-12 所示，MM' 是两种介质(如空气和玻璃)的分界面，n_1 和 n_2 分别是介质的折射率，SC 是一束自然光的入射光线，CR 和 CT 分别是反射光线和折射光线。电磁波理论指出，光波从空气入射到玻璃后，在反射光中垂直振动比平行振动强，而在折射光中，平行振动比垂直振动强，它们的偏振状态如图 11-12 所示。图中的点表示与纸面垂直的光振动，短线表示纸面内的光振动，点和短线的多寡表示上述两个分振动所代表的光波的强弱。

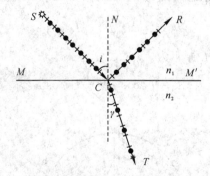

图 11-12　自然光反射和折射后产生的部分偏振光

改变入射角 i 时，反射光的偏振化程度也随之改变。实验指出，当反射光与折射光的夹角为 $\pi/2$ 时，如图 11-13 所示，在反射光中只有垂直于入射面的振动，这时的反射光为线偏振光，而折射光仍为部分偏振光，可以证明(见后)，此时，入射角满足：

$$\tan i_0 = \frac{n_2}{n_1} \tag{11-2}$$

式中：i_0 为起偏角。式(11-2)是 1812 年布儒斯特(D. Brewster)由实验确定的，称为布儒斯特定律，起偏角 i_0 也称为布儒斯特角。

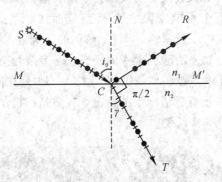

图 11-13　布儒斯特角

证明　自然光以起偏角 i_0 入射到两种介质的分界面上时，反射光线和折射光线相互垂直(见图 11-13)，即

$$i_0 + \gamma = \frac{\pi}{2}$$

根据折射定律，有

$$n_1 \sin i_0 = n_2 \sin \gamma$$

式中 n_1 和 n_2 分别为介质 1 和介质 2 的折射率。由以上两式可得

$$n_1 \sin i_0 = n_2 \sin\left(\frac{\pi}{2} - i_0\right) = n_2 \cos i_0$$

即

$$\tan i_0 = \frac{n_2}{n_1}.$$

11.3.2　反射光和折射光的偏振特性的应用实例

1. 激光器中的"布儒斯特窗"

为提高激光的输出功率，在激光器中采用了布儒斯特角的装置。例如，一种外腔式气体激光器内有两块玻璃片(均为偏振化器件)，为减少这两块玻璃片的反射损耗，放置时令玻璃片的法线与管轴间的夹角为布儒斯特角，故称为布儒斯特窗。入射光的折射光束来回地在两块玻璃片的上、下两表面之间反射，当光束以布儒斯特角经过玻璃片表面时，垂直于入射面的光振动被陆续反射掉，最后只有平行于入射面振动的光可以在激光器内反射振荡而形成激光，这样的激光为线偏振光。

2. 偏光眼镜

夏天，强烈的日光在地面上受到很强的反射，这种反射光是部分偏振的。大部分光的偏振方向垂直于日光的入射面，即平行于(产生反射的)地面。为了保护眼睛，我们可以戴一副偏光墨镜，它由吸收光的深色玻璃制成，同时贴有一片"起偏薄膜"，只允许垂直方向的偏振光透过，这样大部分地面反射光便被挡掉了。

3. 偏振镜

太阳光照在玻璃上总存在反射光,使人们看不清玻璃后面的物体,如果对着玻璃橱窗拍照,反射光将在一定程度上影响成像的清晰度。水面的反射光使人们拍摄不到水中的鱼,树叶表面的反射光使树叶变成白色,等等。晴朗的蓝天散射的太阳光也是部分偏振光,它使蓝天变得不那么幽深。如果消除了这些偏振光,许多照片会显得颜色更加饱和,画面更加清晰。能够滤除偏振光的滤镜叫作偏振镜。图 11-14 是在同一场景拍摄的两幅照片,左图中有明显的水面反光,较难看清水下的情况,右图是相机加用了偏振镜滤光后拍摄的照片,水下的物品可以看得非常清楚。

图 11-14　无偏振镜(左图)和有偏振镜(右图)拍摄的照片比较

4. 玻璃片堆

自然光以起偏角 i_0 入射时,反射光中虽然只有垂直于入射面的光振动,但并不意味着入射自然光中全部垂直于入射面的光振动都被反射。实验表明,对于一般的光学玻璃,反射光的强度通常只占入射光强的 15%,所以折射光(或叫透射光)是一束比反射光的强度强很多的部分偏振光。

为了增强反射光的强度和提高折射光的偏振化程度,可以将许多平行玻璃片叠成玻璃片堆,如图 11-15 所示。自然光以布儒斯特角入射玻璃片堆,在每一层玻璃面上,反射光均为振动面垂直于入射面的偏振光,并且经过多次反射后,反射光中垂直于入射面的振动成分得以加强。相应地,折射光中垂直于入射面的振动成分逐渐减弱。玻璃片数越多,折射光的偏振化程度越高。当玻璃片足够多时,最后透射出来的折射光就接近于振动面平行于入射面的完全偏振光。

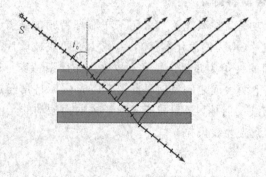

图 11-15　利用玻璃片堆产生线偏振光

5. 薄膜偏振分光棱镜

利用多层膜的高反射率也可以提高反射光的能量利用率和透射光的偏振度,从而将这两部分偏振光都利用起来，这种光学元件称为薄膜偏振分光棱镜。

如图 11 - 16 所示，在一块等腰直角棱镜的斜边折射面上交替地蒸镀多层具有高折射率和低折射率的光学薄膜，然后将其与另一块相同棱镜的斜边折射面用加拿大树脂胶合在一起，选择两种膜层的折射率比值刚好使其布儒斯特角等于 45°。这样，垂直射入棱镜一个直角边折射面的自然光在两个棱镜胶合处经多次反射和折射，分解成沿两个正交方向传播的线偏振光，其中传播方向垂直于入射光方向的线偏振光的偏振面与入射面垂直；传播方向与入射光方向相同的线偏振光的偏振面与入射面平行。若多层膜的层数足够多，可以使自然光中的垂直分量基本上都能反射，而平行分量都能透射，就可以同时获得两种偏振度（接近 1）和光强（约为入射光强一半）都很高的线偏振光。

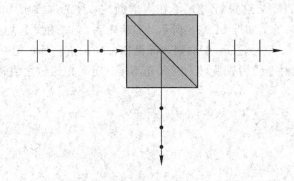

图 11 - 16　利用薄膜偏振分光棱镜获得线偏振光

思考题 11 - 4　如果从一池静水的表面上反射出来的太阳光是完全偏振的，那么太阳在地平面之上的仰角是多大？这种反射光的光矢量的振动方向如何？

思考题 11 - 5　月光的偏振态如何？如何验证你的结论？

思考题 11 - 6　据测金星表面反射的光是部分偏振光，这样可以推测金星表面覆有一层具有镜面特性的物质，如水或由水滴、冰晶等组成的小云层，其根据是什么？

思考题 11 - 7　一束光入射到两种透明介质的分界面上时，发现只有透射光而无反射光，试说明这束光是怎样入射的？其偏振状态如何？

11.4　双折射现象及其应用

11.4.1　晶体双折射现象

1669 年，丹麦的巴塞林纳斯无意中将一块方解石晶体放在书上，他透过方解石看书时，发现每个字都变成了两个字，由此推断光线通过方解石晶体产生了两束折射光线，这种现象称为双折射现象（Birefringence），如图 11 - 17 所示。能产生双折射现象的晶体称为双折射晶体，这类晶体除了方解石以外，还有石英、云母等。经过方解石晶体折射出来的两束光都是线偏振光，而且光矢量的振动方向是相互垂直的，所以不发生干涉。

图 11-17　方解石晶体的双折射现象

在各向异性介质中，光传播的速度与光传播的方向、偏振态有关。进一步研究表明，在双折射现象中，两束折射光中的一束光始终遵守折射定律，这束光称为寻常光(ordinary light)，通常用 o 表示，简称 o 光；另一束折射光不遵守普通的折射定律，其传播速度随方向变化，且在一般情况下，这束折射光不在入射面内，称为非常光(extraordinary light)，通常用 e 表示，简称 e 光，如图 11-18 所示。实验表明，o 光和 e 光均为线偏振光。若一束自然光垂直于方解石表面入射($i=0$)，则 o 光沿原方向前进，而 e 光一般偏离原方向前进；若使方解石晶体以入射光线为轴旋转，则 o 光不动，而 e 光却随之绕轴旋转。如图 11-19 所示。

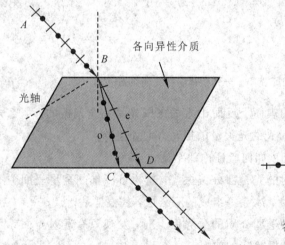

图 11-18　寻常光和非常光

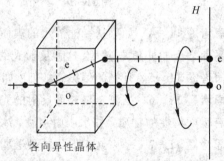

图 11-19　各向异性晶体绕光轴旋转

双折射晶体内存在着一个特殊方向，光沿这个方向传播时不产生双折射，o 光和 e 光重合，在该方向 o 光和 e 光的传播速度相等，折射率相等，这个特殊的方向称为晶体的光轴。必须注意，晶体的光轴和几何光学系统的光轴是不同的：前者是晶体的一个固定的特殊方向，而不是某一选定的直线；后者则是通过光学系统球面中心的直线。只有一个光轴的晶体称为单轴晶体，如方解石、石英等；有些晶体则具有两个光轴，如云母等。

晶体中某条光线与晶体的光轴组成的平面称为该光线的主平面。o 光和 e 光各有自己的主平面。实验发现，o 光的振动方向垂直于与它对应的主平面，e 光的振动方向平行于与它对应的主平面。一般情况下，o 光和 e 光的主平面并不重合，它们之间有一个不大的夹角。只有当光线沿光轴和晶体表面法线所组成的平面入射时，这两个主平面才严格重合，且就在入射面内，此时，o 光和 e 光的振动方向相互垂直。

包括晶体光轴和界面法线的平面叫主截面。当光线的入射面与主截面重合时，o 光和 e

光都在入射面内，它们的主平面相互重合，也和主截面及入射面重合。

11.4.2 惠更斯原理在双折射现象中的应用

1. 单轴晶体中的波面

双折射现象是由晶体内 o 光和 e 光的传播速度不同而引起的。在单轴晶体中，o 光沿各个方向传播的速度相同，而 e 光沿各个方向传播的速度是不同的，只有沿晶体光轴方向，o 光和 e 光的传播速度才相同；在垂直于光轴的方向，o 光和 e 光的传播速度相差最大。设想在某单轴晶体内有一子波源，由它发出的光波在晶体内传播，则 o 光的波面是球面，而 e 光的波面是以光轴为轴的旋转椭球面，两个波面在光轴方向上相切（两光波沿光轴方向的传播速度相同）。如图 11-20 所示，用 v_o 表示 o 光的传播速度，v_e 表示 e 光沿垂直于光轴方向的传播速度。$v_o > v_e$ 的一类晶体（如石英）称为正晶体，如图 11-20(a) 所示；$v_o < v_e$ 的一类晶体（如方解石）称为负晶体，如图 11-20(b) 所示。

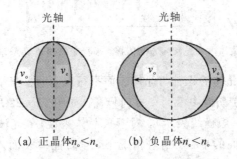

(a) 正晶体 $n_o < n_e$　　(b) 负晶体 $n_e < n_o$

图 11-20　正晶体和负晶体的子波波阵面

由折射率定义，对于 o 光，有

$$n_o = \frac{c}{v_o}$$

它与方向无关，是只由晶体材料决定的常数。对于 e 光折射率，因各方向传播速度不同，通常定义

$$n_e = \frac{c}{v_e}$$

为 e 光的主折射率。

对于负晶体，e 光的折射率 n_e 小于 o 光的折射率 n_o；对于正晶体，n_e 大于 n_o。对于大多数晶体来说，n_o 和 n_e 的差别不大。例如，对应于 $\lambda = 589.3$ nm 的光，石英晶体的 n_o 和 n_e 分别是 1.544 25 和 1.553 36；方解石晶体的 n_o 和 n_e 差别略大，分别是 1.658 36 和 1.486 41。

2. 晶体中波面的确定

自然光以一定的入射角入射到双折射晶体（负晶体）的界面上，光轴在反射和折射面内，根据惠更斯原理可以确定 o 光和 e 光在晶体中的传播方向。

如图 11-21 所示，平行光以入射角 i 倾斜入射到方解石晶体上，AC 是平面波的一个波面。当入射波 C 传到 D 时，AC 波面上除 C 点外的其他各点，都已先后到达晶体表面

AD 并向晶体内发出子波，其中 A 点发出的 o 光球面子波和 e 光旋转椭球面子波波面如图所示，两子波波面相切。AD 间各点先后发出的球面子波波面的包迹平面 DE 就是 o 光在晶体中的新波面，AE 即为 o 光在晶体中的折射线方向；各旋转椭球面子波波面的包迹平面 DF 就是 e 光在晶体中的新波面，AF 即为 e 光在晶体中的折射方向。由图可见，o 光和 e 光的传播方向不同，因而在晶体中出现双折射现象。此外，值得注意的是，在晶体中，o 光的传播方向与其新波面仍然垂直，而 e 光的传播方向则不再与新波面垂直了。

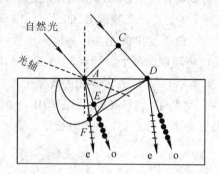

图 11-21　晶体内 o 光和 e 光的传播，平行光倾斜地射入方解石的情形

在实际工作中，通常晶体的光轴与晶体表面平行或垂直。当平行光束垂直入射于这些晶体表面时，o 光和 e 光在晶体中沿同一方向传播。如图 11-22 所示，光轴平行于晶体表面并平行于入射面(图中以短横线表示)，对于负晶体来说，e 光波面和入射面的交线是椭圆，其半短轴等于 o 光波面的半径。这种情况下，垂直晶体表面入射的光束在晶体内的 o 光和 e 光仍沿同一方向传播，因此无论光束横截面大小如何，晶体厚度如何，o 光束和 e 光束总是不分开的。但是由于它们的速度不等，因此它们的波面并不重合。到达同一位置时，两者之间有一定的相位差。在这个例子中，o 光和 e 光虽然没有分开，但因传播速度不等，所以仍存在双折射现象，只是在现象上看两束光的方向一致(利用沃拉斯顿棱镜可以把它们分开)。

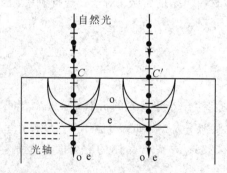

图 11-22　晶体内 o 光和 e 光的传播，平行光垂直射入方解石的情形

11.4.3　由双折射产生偏振光的器件

双折射现象的重要应用之一是制成偏振器件。双折射晶体中的 o 光和 e 光具有两个特点：第一，两束光都是完全偏振光；第二，一般来说，两束光的传播速度不同。利用第一个

特点可以把晶体制成双折射棱镜，光通过棱镜后，o 光和 e 光分开，从而获得完全的线偏振光，而且比用偏振片和玻璃片堆获得的线偏振光质量更高。利用第二个特点可以把晶体制成波片，光通过波片后，o 光和 e 光产生一定的相位差，从而改变入射光的偏振态。下面介绍三种偏振器件：沃拉斯顿棱镜，尼科耳棱镜，波片。

1. 沃拉斯顿棱镜

沃拉斯顿棱镜能产生两束彼此分开、振动方向互相垂直的线偏振光，其结构如图 11-23 所示。它由两个直角的方解石棱镜组成，两棱镜沿斜边用甘油或蓖麻油黏和，两棱镜的光轴互相垂直。有时沃拉斯顿棱镜也用两个石英的直角棱镜的组合来代替。

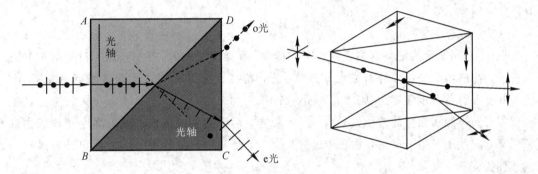

图 11-23　沃拉斯顿棱镜

自然光垂直入射到第一块棱镜 ABC 的 AB 表面时，由于光轴和入射晶体表面平行，与图 11-22 所示的情形相同，o 光和 e 光沿同一方向传播，但分别以不同的速度 v_o 和 v_e 传播。在方解石中 v_o 小于 v_e（或 n_o 大于 n_e）。当它们先后进入第二个棱镜 BCD 以后，因为两个棱镜的光轴相互垂直，所以原来的 o 光在第二个棱镜中变成了 e 光（光矢量的振动方向平行于其主截面），原来的 e 光在第二个棱镜中变成了 o 光（光矢量的振动方向垂直于其主截面），此时光矢量的振动方向并没有改变。这样振动方向垂直于主截面的 o 光在两棱镜分界面（胶合面）上的折射为由光密介质向光疏介质的折射，在第二个棱镜内的折射光线远离法线；振动方向平行于主截面的 e 光在该面上的折射为由光疏介质向光密介质的折射，在第二个棱镜内的折射光线靠近法线，结果使 o 光和 e 光在第二个棱镜内分开。第二个棱镜内的这两束光在 CD 面还产生一次由光密到光疏的远法线折射。最后，由沃拉斯顿棱镜出来的光是与第一个棱镜中的 o 光和 e 光对应的两个线偏振光。

2. 尼科耳棱镜

利用尼科耳棱镜可以获得一个有固定振动面的线偏振光，其结构如图 11-24 所示。

尼科耳棱镜是这样做成的：先取一块长度约为宽度 3 倍的优质方解石晶体（对于纳黄光，$n_o = 1.658$，$n_e = 1.486$），将两端切去一部分使其在主截面上的角度由 71°变成 68°；然后将晶体沿垂直于主截面及两端面的 AC 切开，并把切开的面磨成光学平面，然后再用加拿大树胶胶合起来。加拿大树胶是胶合光学元件（如透镜、棱镜、平板）惯用的一种透明体，在此处用它还有一个关键的原因：它对纳黄光的折射率为 1.55，介于方解石的 n_o 和 n_e 之间。显然，对于 e 光而言，加拿大树胶相对于方解石是光密介质，而对于 o 光，加拿大树胶相对于方解石却是光疏介质。

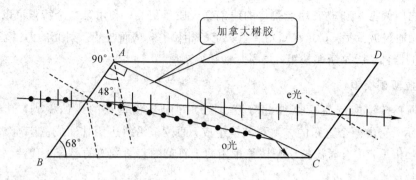

图 11-24　尼科耳棱镜

图 11-24 所示为尼科耳棱镜的一个主截面。在此主截面内，平行于棱 AD 的入射光进入棱镜，在前半个棱镜中分解成为 o 光和 e 光，其中 o 光以 76° 的入射角入射到树胶层 AC 上，由于入射角大于临界角（临界角＝arcsin $(1.55/1.658)≈70°$），o 光将在树胶层上产生全反射，而被四周涂黑的棱镜壁吸收。至于 e 光，由于它在晶体内的折射率小于树胶内的折射率，因此不发生全反射，总是透过树胶层。于是从尼科耳棱镜另一端射出的将是单一的线偏振光。

由于加拿大树胶吸收紫外线，故尼科耳棱镜对此波段不适用，这时可使用沃拉斯顿棱镜。

3. 波片

利用双折射晶体除了可以制作偏振器以外，另一个重要用途是制作波片（或称为波晶片）。如图 11-22 所示情形，一块表面平行的单轴晶体（如石英），其光轴与晶体表面平行，当一束平行光束垂直入射于此晶体表面时，分解成的 o 光和 e 光的传播方向虽然不改变，但它们在波片内的速度 v_o、v_e 不同，这样的晶体叫作波片。

设波片的厚度为 d，则 o 光和 e 光通过波片时的光程也不同：

$$\text{o 光的光程} L_o = n_o d$$
$$\text{e 光的光程} L_e = n_e d$$

同一时刻两束光在出射界面上的相位比入射界面上的落后：

$$\text{o 光} \varphi_o = -\frac{2\pi}{\lambda} n_o d, \quad \text{e 光} \varphi_e = -\frac{2\pi}{\lambda} n_e d$$

式中 λ 是光束在真空中的波长。这样当两束光通过波片后，相位差为

$$\Delta\varphi = \varphi_e - \varphi_o = \frac{2\pi}{\lambda}(n_o - n_e)d$$

$\Delta\varphi$ 除了与折射率之差 $(n_o - n_e)$ 成正比外，还与波片厚度 d 成正比。适当地选择厚度 d，可以使两束光之间产生任意数值的相对相位延迟 $\Delta\varphi$。在实际中最常用的波片是 $\lambda/4$ 波片，其厚度满足 $(n_o - n_e)d = \pm\dfrac{\lambda}{4}$，于是 $\Delta\varphi = \pm\dfrac{\pi}{2}$。当然，$\lambda/4$ 波片只是对某一特定波长而言的，光波波长不同，则相应的 $\lambda/4$ 波片的厚度也不同。对于 $\lambda = 590$ nm 的黄光，方解石的

折射率差值$n_o-n_e=0.172$，因而$\lambda/4$波片的厚度$d=8.6\times10^{-5}$ cm。对于$\lambda=460$ nm 的蓝光，$n_o-n_e=0.184$，则$\lambda/4$波片的厚度$d=6.3\times10^{-5}$ cm。因为制作这样薄的波片相当困难，所以实际制作的$\lambda/4$波片的厚度是上述厚度的奇数倍，即

$$(n_o-n_e)d=\pm(2k+1)\frac{\lambda}{4} \quad (k=0,1,2,\cdots)$$

对应的相位差为$(2k+1)\dfrac{\pi}{2}$。

如果波片的厚度使两束光的光程差为

$$(n_o-n_e)d=\pm(2k+1)\frac{\lambda}{2} \quad (k=0,1,2,\cdots)$$

或者说，相应的相位差为$\Delta\varphi=\pm(2k+1)\pi$，这种波片称为半波片。

如果波片的厚度使两束光的光程差为

$$(n_o-n_e)d=\pm2k\frac{\lambda}{2} \quad (k=1,2,\cdots)$$

或者说，相应的相位差为$\Delta\varphi=\pm2k\pi$，这种波片称为全波片。

经过全波片的出射光比入射光的相位增加或减少了2π的整数倍，实际上没有改变相位差，也不改变偏振状态。利用全波片可以实现滤波，即只让某种波长的线偏振光透过，而附近波长的线偏振光变成椭圆偏振光。

*11.5　立体电影和偏振眼镜

早在 1936 年，人们就利用偏振光放映了立体电影。随着电影拍摄和放映技术的发展，借助偏振技术，现在的立体电影效果更好，给观众带来了一个更加精彩的立体世界。本节介绍立体电影技术的原理，用偏振眼镜观看立体电影的原理，以及与之相关的圆偏振光的获得和检验。

11.5.1　立体电影的基本原理

当人们用双眼看物体时，可以根据两只眼睛看到的图像的差别，感受到物体的立体形状。如图 11-25，当人用双眼观察一排重叠的保龄球瓶时，两只眼睛从不同的位置和角度注视保龄球瓶，左眼看到左侧，右眼看到右侧。这排球瓶同时在视网膜上成像，而人的大脑可以通过对比这两副不同的"影像"自动区分出物体的距离远近，从而产生强烈的立体感。

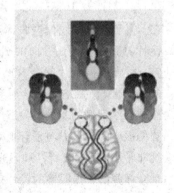

图 11-25　人眼感受物体的立体形状

当人们看图片、电影、电脑游戏时，观察到的都是平面景物，虽然图像效果非常逼真，但由于双眼看到的图像完全相同，因此无法感知立体感。如果要从一幅平面的图像中获得立体感，那么这幅平面图像就必须包含具有一定视差的两幅图像的信息，再通过适当的方法和工具分别传送到人们的左右眼。

现在的立体电影从拍摄开始，就模拟人眼观察景物的方法，用两台并列安置的摄影

机,同步拍摄出两条略带水平视差的电影画面,这样影片所包含的信息就与人亲临拍摄现场所看到的画面接近一致了。接下来的问题就是,如何把两幅图像分别呈现给左、右眼看,即如何做到使左眼只看到左摄像头的图像、右眼只看到右摄像头的图像呢?

11.5.2　立体电影的放映和观看

　　立体电影的放映和观看通常采用偏振光分光技术。立体电影的放映需要两个放映机,通过两个放映机把两个摄影机拍下的两组胶片同步放映,使略有差别的两幅图像重叠投射在屏幕上。这时如果直接用双眼观看,看到的图像是模糊不清的,要获得立体的效果,需要在每架放映机前装一块偏振片。左右两架放映机前偏振片的偏振化方向相互垂直,比如,一个是水平方向一个是竖直方向,因此从放映机射出的光通过偏振片后产生的两束线偏振光的偏振方向也相互垂直。这两束偏振光投射到银幕上再反射到观众处,偏振方向不变。当观众戴上偏振眼镜后,左右两片偏振镜片的偏振化方向相互垂直,并分别与放映机镜头前的偏振片的偏振化方向一致,所以每只眼镜只能看到相应的偏振光图像,即左眼只能看到左放映机播放的画面,右眼只能看到右放映机播放的画面,这样就产生了立体感。这种偏振眼镜产生的是线偏振光,所以又称线偏振眼镜。图 11 - 26 是佩戴线偏振眼镜观看立体电影的原理图。

(a)　　　　　　　　　　　　　　　(b)

图 11 - 26　佩戴线偏振眼镜观看立体电影的原理图

　　然而,佩戴线偏振眼镜观看立体电影时,应始终保持眼镜处于水平状态,使水平偏振镜片看到水平偏振方向的图像,垂直偏振镜片看到垂直偏振方向的图像。如果眼镜略有偏转,垂直偏振镜片就会看见一部分水平方向的图像,水平偏振镜片也会看见一部分垂直方向的图像,左、右眼就会看到明显的重影。

　　在线偏振的基础上发展的圆偏振技术可以避免这种情况,在观看效果上有了质的飞跃。圆偏振光的偏振方向是有规律地旋转着的,可分为左旋偏振光和右旋偏振光,它们之间的干扰非常小,其通光特性和阻光特性基本不受旋转角度的影响。现在在观看偏振式立体电影时,观众佩戴的偏振眼镜的镜片一个是左旋偏振片,另一个是右旋偏振片,从而使观众的左眼和右眼分别看到左旋和右旋偏振光带来的不同的画面,通过人的视觉系统产生立体感。

11.5.3　圆偏振光的获得

　　11.1 节引入了椭圆偏振光和圆偏振光的概念,并了解到它们可看作相互垂直并有一定相位关系的两个线偏振光的合成。11.4 节介绍了可以使两束线偏振光产生任意数值的相位延迟的光学器件——波片。将偏振片和波片组合起来就可以获得椭圆偏振光和圆偏振光，下面详细介绍其原理。

设光波沿 z 方向传播，在光波的波面中取一直角坐标系，将电矢量 E 分解为两个分量 E_x 和 E_y，它们是同频的，即

$$E_x = A_x\cos(\omega t + \varphi_{10})$$
$$E_y = A_y\cos(\omega t + \varphi_{20})$$

则合成波的表达式为

$$E = E_x \boldsymbol{i} + E_y \boldsymbol{j} = A_x\cos(\omega t + \varphi_{10})\boldsymbol{i} + A_y\cos(\omega t + \varphi_{20})\boldsymbol{j}$$

消去 t，得任意一个场点电矢量端点的轨迹为一个椭圆，设 E_y 相对于 E_x 的相位差为 $\Delta\varphi = \varphi_{20} - \varphi_{10}$，轨迹方程为

$$\frac{E_x^2}{A_x^2} + \frac{E_y^2}{A_y^2} - \frac{2E_x E_y}{A_x A_y}\cos\Delta\varphi = \sin^2\Delta\varphi \tag{11-3}$$

由于 E_x 和 E_y 的值总是在 $\pm A_x$ 和 $\pm A_y$ 之间变化，电矢量端点的轨迹与以 $E_x = \pm A_x$ 和 $E_y = \pm A_y$ 为界的矩形框内切。任意一个场点电矢量的端点沿椭圆运动的方向与相位差 $\Delta\varphi$ 有关，图 11-27 表示各种形态的椭圆偏振光。

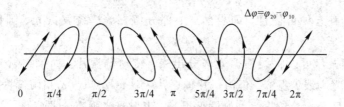

图 11-27 各种形态的椭圆偏振光

圆偏振光是椭圆偏振光在一定条件下的特例，即当 $A_x = A_y = A_0$，$\Delta\varphi = \pm\pi/2$ 时，式 (11-3) 变成圆的方程，这时在光的传播方向上任意一个场点电矢量端点的轨迹是一个圆。

自然界大多数光源发出的是自然光，但有时也发出圆或椭圆偏振光。例如，处在强磁场中的物质，电子做拉摩回旋运动，它们发出的电磁辐射就是圆或椭圆偏振的（这里所谓圆或椭圆偏振光的获得，是指利用偏振器件把自然光改造成圆或椭圆偏振光）。

获得一般的椭圆偏振光并不难，只需令自然光通过一个偏振片获得线偏振光，再通过一个任意厚度的波片即可。如图 11-28 所示，由起偏器出射的线偏振光射入波片中时，被分解成电矢量振动方向相互垂直的 o 光和 e 光，它们在晶体内的传播速度不同，穿过波片时产生一定的相位差。射出波片后两束光的速度恢复到一样，合成在一起后一般可得到椭圆偏振光。

为获得圆偏振光，需要满足以下两个条件：

(1) E_o 和 E_e 之间的相位差 $\Delta\varphi = \pm\pi/2$，必须选用 1/4 波片。

(2) E_o 和 E_e 的振幅 $A_o = A_e$。设入射的线偏振光的振幅为 A，其振动方向与 e 轴的夹角为 α，则 $A_e = A\cos\alpha$，$A_o = A\sin\alpha$，所以 $\alpha = 45°$。

因此只有通过 1/4 波片，而且 1/4 波片的光轴与入射光的振动面成 45°角，才能得到一

束圆偏振光。

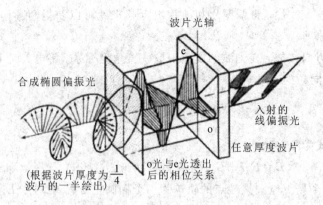

波片光轴

合成椭圆偏振光

入射的
线偏振光

任意厚度波片

（根据波片厚度为 $\frac{1}{4}$
波片的一半绘出）

o光与e光透出
后的相位关系

图 11-28　线偏振光通过任意厚度的波片后获得椭圆偏振光

原来人们一直认为，光的偏振态一旦形成，在自由空间传播时不会变化。后来研究表明，光的偏振态在自由空间及大气传输过程中会发生变化，这种变化与光源的相干密切相关，大气湍流对光的偏振度也会有影响，这些问题已经引起研究人员的关注。

11.5.4　圆偏振光的检验

假定入射光有五种可能性，即自然光、部分偏振光、线偏振光、圆偏振光、椭圆偏振光。

利用一片偏振片可以将线偏振光区分出来，转动偏振片，如果出射光出现"消光"现象，则表明入射光为线偏振光。但由一片偏振片无法区分自然光和圆偏振光，出射光光强都不变；也无法区分部分偏振光和椭圆偏振光，出射光光强有强弱变化，但无"消光"。

利用一块 1/4 波片可以把圆偏振光和椭圆偏振光变成线偏振光，但不能把自然光和部分偏振光变为线偏振光。因为自然光和部分偏振光是由一系列偏振方向不同的线偏振光组成的，它们经过 1/4 波片后有的仍是线偏振光，有的是圆偏振光，而大部分是长短轴比例各不相同的椭圆偏振光，这时出射光在宏观上仍是自然光或部分偏振光。表 11-1 中列出了各种偏振光经过 1/4 波片后发生的变化。

表 11-1　各种偏振光经过 1/4 波片后偏振态的变化

入射光	1/4 波片的位置	出射光
线偏振光	偏振方向平行或垂直于光轴方向	线偏振光
	e轴与o轴与偏振方向成45°角	圆偏振光
	其他位置	椭圆偏振光
圆偏振光	任何位置	线偏振光
椭圆偏振光	椭圆长、短轴平行或垂直于光轴方向	线偏振光
	其他位置	椭圆偏振光

注：由于沿这两个特殊方向振动的线偏振光在波片内不分解，它们从波片出射时仍然是沿原振动方向的线偏振光。

把偏振片和 1/4 波片结合起来使用,就可以把上述五种光完全区分开来。检验的步骤如下:

第一步,令入射光垂直通过偏振片,以光的传播方向为轴转动偏振片(改变偏振片的偏振化方向),观察透射光强度的变化,这时将出现三种情况:

(1) 若有消光现象,则入射光为线偏振光;

(2) 若透射光强度无变化,则入射光为自然光或圆偏振光;

(3) 若透射光强度有变化,但无消光现象,则入射光为部分偏振光或椭圆偏振光。

第二步,为了进一步区分自然光和圆偏振光,在偏振片前放置一块 1/4 波片,转动偏振片,观察透射光强度的变化。若有消光现象,则入射光为圆偏振光(因为圆偏振光经过 1/4 波片后会转换成线偏振光);若透射光强度仍无变化,则入射光为自然光。

为了区分部分偏振光与椭圆偏振光,将偏振片停留在透射光强度最大的位置,在偏振片前插入 1/4 波片,使它的光轴方向与偏振片的透射方向(椭圆主轴)平行,转动偏振片。若有消光现象,则入射光为椭圆偏振光(因为椭圆偏振光经过 1/4 波片后会转换成线偏振光);若无消光现象,且透射光强度最大的方位同原先一样,则入射光为部分偏振光。

思考题 11 - 8 在实验室中使用的偏振片和 1/4 波片上的透光方向和光轴常常是不标明的,在上述第二步的操作中,如何保证 1/4 波片的光轴方向与第一步中的偏振片产生的强度极大或极小的透振方向重合呢?(提示:可以利用两块偏振片和一块 1/4 波片来实现。)

*11.6 偏光显微镜

偏光显微镜在矿物学、化学、金相学和医药学等方面有着重要的应用。偏光显微镜下,矿石呈现出美丽的色彩,根据这些图案可以精确地鉴别矿石的种类,研究晶体的内部结构。本节介绍偏光显微镜的原理——偏振光的干涉以及相关的应用。

11.6.1 偏光显微镜的结构和原理

偏光显微镜就是在通常用的显微镜的载物台上下分别装入起偏器和检偏器(检偏器装在显微镜物镜和目镜之间)制成的,偏光显微镜的基本原理是偏振光的干涉。与自然光的干涉相同,两束偏振光的干涉也必须满足频率相同、振动方向基本相同以及有恒定的相位差这三个基本条件。

典型的偏振光干涉装置是在两块共轴的偏振片 P_1 和 P_2 之间放一块厚度为 d 的波片 C,其光轴与晶面平行,如图 11 - 29 所示。在这一装置中,波片同时起分解光束和相位延迟的作用。它将入射的线偏振光分解成振动方向互相垂直的两束线偏振光 o 光和 e 光,这两束光射出波片时,具有一定的相位延迟。

干涉装置中的第一块偏振片 P_1 是起偏器,把自然光转变为线偏振光。第二块偏振片 P_2 是检偏器,把两束光的振动引导到相同的方向上,从而使经 P_2 出射的两束光满足产生干涉的条件。在自然光入射的情况下,第一块偏振片 P_1 是不可缺少的,否则透过波片的光仍然是自然光。这样一来,它的两个相互垂直的分振动通过第二块偏振片后,虽然满足"振动方向相同"这一条件,但没有固定的相位关系,故仍不能发生干涉。

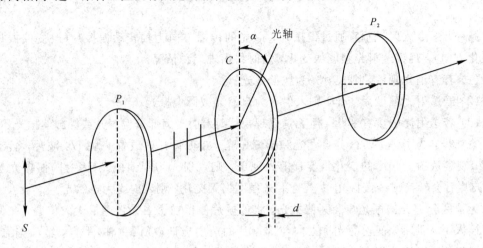

图 11 - 29　偏振光干涉装置

　　11.5 节讨论了有相同频率和有固定相位差的 o 光和 e 光的合成,这可视为一种特殊的干涉,它与第 9 章所述的干涉相比,所不同的是相干光(o 光和 e 光)的振动方向不是平行的而是垂直的。本节我们要研究在同一平面上振动的两束线偏振光的干涉,以平行的线偏振光的干涉为例。

11.6.2　平行的线偏振光的干涉

　　平行的线偏振光的干涉装置如图 11 - 29 所示。设单色平行的自然光经偏振片 P_1 后,变成沿其偏振化方向振动的线偏振光,其振幅为 A_1,与波片光轴的夹角为 α。这束光在进入波片后就分解成 o 光和 e 光,它们的振幅分别为

$$A_o = A_1 \sin\alpha, \quad A_e = A_1 \cos\alpha$$

如图 11 - 30 所示,这两束光从波片出射经过偏振片 P_2 后,都只有在其偏振化方向上的分量才能通过。在图 11 - 30 中,偏振片 P_2 和偏振片 P_1 的偏振化方向垂直,偏振片 P_2 与波片光轴的夹角为 β,则两束透射光的振幅分别为

$$A_{2o} = A_o \sin\beta, \quad A_{2e} = A_e \cos\beta$$

因为 P_1 和 P_2 的偏振化方向相互垂直,$\alpha + \beta = 90°$,所以两束透射光的振幅分别为

$$A_{2o} = A_1 \sin\alpha \sin\beta = A_1 \sin\alpha \cos\alpha$$

$$A_{2e} = A_1 \cos\alpha \cos\beta = A_1 \cos\alpha \sin\alpha$$

最后从偏振片 P_2 透射出来的光的强度是这两束同频率、同一直线上振动的、有固定相位差的相干光的叠加结果。当 P_1 和 P_2 的偏振化方向相互垂直时,这两束光在 P_2 的偏振化方向上的振幅相等。而且从图 11 - 30 中可看出,这两束光的相位相反,再加上与波片厚度有关的相位差 $\dfrac{2\pi d}{\lambda}(n_o - n_e)$,可知总的相位差为

$$\Delta\phi = \frac{2\pi d}{\lambda}(n_o - n_e) + \pi$$

当 $\Delta\phi=2k\pi$ 或 $(n_0-n_e)d=(2k-1)\dfrac{\lambda}{2}(k=1,2,\cdots)$ 时，干涉最强，视场最明亮。

当 $\Delta\phi=(2k+1)\pi$ 或 $(n_0-n_e)d=k\lambda(k=1,2,\cdots)$ 时，干涉最弱，视场变暗。

如果用的是白光光源，对于各种波长的光，干涉最强和干涉最弱的条件也各不相同，所以不同波长的光有不同程度的加强或减弱，混合起来出现彩色，不同厚度的波片会出现不同的彩色。对于给定的波片，转动偏振片 P_2（改变 α）时，彩色跟着变化。

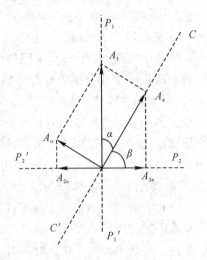

图 11-30　平行的线偏振光的干涉

思考题 11-9　当偏振片 P_1 和 P_2 的偏振化方向垂直时，如果某波长的光是干涉最强的，那么当 P_1 和 P_2 的偏振化方向平行时，此波长的光是加强还是减弱？

偏振光干涉时出现彩色的现象称为显色偏振或色偏振。根据不同晶体在起偏器和检偏器之间形成不同的干涉彩色图像，可以精确地鉴别矿石的种类，研究晶体的内部结构。

色偏振是检验双折射现象极为灵敏的方法。当待测物质的折射率差值 n_0-n_e 很小时，用直接观察 o 光和 e 光的方法，很难确定是否有双折射存在，但是只要把待测物质的薄片放在两块偏振片之间，用白光照射，观察是否有彩色出现即可鉴定是否存在双折射。

利用色偏振现象制成的偏光显微镜可广泛应用于地质和冶金工业中。此外，将云母片、玻璃纸、尼龙丝，甚至鱼鳞、鱼骨等夹在偏振片之间，在白光下观察时，也都会产生色偏振现象。

11.6.3　双折射滤波器

图 11-29 所示的偏振光干涉装置可作为一种双折射滤波器。使 P_1 和 P_2 的偏振化方向正交并与波片的光轴成 $45°$，入射光经过 P_1 成为振动方向在 P_1 的偏振化方向上的线偏振光，若没有波片存在，光不能通过与 P_1 正交的 P_2。现放入指定波长的半波片，经过该波片后光的振动方向转至 P_2 的偏振化方向，因而可以通过 P_2，这种装置就成为对指定波长的带通滤波器。

若对于某一波长，波片为全波片，光经过该波片后其振动方向与 P_2 的偏振化方向正交，因而不能通过，而其他波长的光则可能有部分分量通过 P_2，这种装置就成为对该波长的带阻滤波器。

带通和带阻滤波器都属于偏振光干涉仪，它由一对正交的偏振片之间插入光学元件组成，可以根据使用目的来选取光源和光学元件。

11.6.4　光测弹性仪

塑料、玻璃等非晶体若经过很好的退火，则是各向同性的。若退火不好，就会有些局部应力"凝固"在里面。内应力会产生一定程度的各向异性，从而产生双折射，即在这种有内应力的透明媒质中，$n_o - n_e \neq 0$，且与应力分布有关。若将这种介质制成片状置于两块偏振片中，则不同的地方因 $n_o - n_e$ 不同而引起 o 光、e 光不同的相位差，在 P_2 后可观察到反映这种差别的干涉图案。应力分布决定了干涉条纹的分布情况：应力集中处的干涉条纹紧密；应力分散处的干涉条纹稀疏。因此，从干涉条纹的分布可以分析应力的分布情况。

因为内应力会大大影响光学元件的性能，所以制造各种光学元件（如透镜、棱镜）的玻璃中不应有内应力。上述方法是检查光学玻璃退火后是否有残存内应力的一种有效方法。

从另外一个角度来看，如果一块玻璃或塑料中本没有应力，当我们给它外加应力时，其在两块偏振片间也会出现干涉条纹。这些非晶体经受压力时，就由各向同性变成各向异性而显示出双折射性质，这种现象称为光弹性效应。光测弹性仪就是利用这种原理来检测应力分布的仪器，且在实际中有很广泛的应用。

例如，为了设计一个机械工件、桥梁或水坝，可以用透明材料制成模型，并按实际工作状况按比例加上应力，然后用光测弹性仪定性观测或者定量测量干涉条纹的位置和宽度，就可以推导出结构模型在压力下的应力分布。这种方法可靠、经济且迅速，在工程技术上已得到广泛应用。图 11-31 显示了直尺、三角板、量角器的偏振光干涉图案。

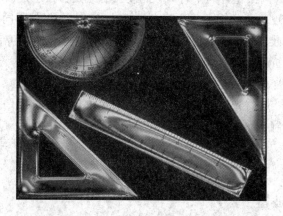

图 11-31　直尺、三角板、量角器的偏振光干涉图案

又例如，在矿井中为了预报可能出现的冒顶事故，可在坑道的壁上嵌入一块玻璃镜，前面放置一块偏振片，使入射光和反射光都通过它，因而这一块偏振片就起着光测弹性仪中两块偏振片的作用。在冒顶事故即将发生前，玻璃镜中的应力必然很大，可从干涉条纹中及时看到，便于人们采取预防措施。

近年来，我国还将光测弹性仪用于地震预报上。在地震即将发生前，岩层内将出现很大的应力集中。在广阔的地区逐点勘测应力集中的区域，工作量是很大的。如果我们在某一地区的边缘上测得岩层应力的数据,然后用透明塑料板模拟该地区的形状和岩层构造,再在板的边缘上按测得的数据模拟实际的应力分布,即可从光测弹性仪中找到应力最集中的地方,于是便可以在这些地方进行深入细致的实地勘测和考察。

11.6.5 克尔效应与克尔盒

除了外加应力以外,电场也可以使某些物质显示出各向异性,从而产生双折射,如玻璃、树脂、石蜡松节油、水、硝基苯和蒸汽等,这种现象称为克尔效应。这是英国物理学家克尔(J. Kerr)于 1875 年发现的。如图 11-32 所示,具有平行板电极 CC 并储有非晶体(如硝基苯)的容器称为克尔盒,克尔盒被放置在两块相互正交的偏振片 MA、BN 之间,这两块偏振片的偏振化方向与电场方向分别成 ±45° 角。电极间不加电压时,视场是暗的,表明盒内液体没有双折射现象效应。当两极板间加上适当大小的强电场时(电场强度 E 约为 10^4 V/cm),视场由暗转明,说明在电场作用下,非晶体变成了双折射晶体,它把入射的光分解成 o 光和 e 光,使它们之间产生附加光程差,此时的出射光一般为椭圆偏振光。

克尔效应

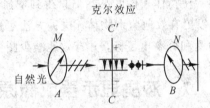

图 11-32 克尔效应

实验表明,光轴方向与电场(场强为 E)方向平行,入射单色光 λ 与主折射率之间的关系为

$$n_o - n_e = kE^2\lambda$$

k 为克尔常数,由材料性质决定。

硝基苯克尔效应的弛豫时间约为 10^{-9} s,因此可用硝基苯的克尔盒来做高速光闸(光开关)、电光调制器(利用电讯号来改变光的强弱的器件),并广泛应用于高速摄影、电影、电视、脉冲激光器等领域。

克尔盒存在很多缺点,例如,对硝基苯液体的纯度要求很高(否则克尔常数下降,弛豫时间变长),有毒,液体不便携带等。近年来随着激光技术的发展,人们对电光开关、电光调制的要求越来越广泛、越来越高。克尔盒逐渐被某些具有电光效应的晶体所替代,其中最典型的是 KDP 晶体,它的化学成分是磷酸二氢钾(KH_2PO_4)。这种晶体在自由状态下是单轴晶体,但可在电场的作用下变成双轴晶体,沿原来光轴的方向产生附加的双折射效应。此效应与克尔效应不同,附加的相位差与电场强度的一次方成正比。该效应称为泡克尔斯效应(F. Pockels)或晶体的线性电光效应。利用 KDP 晶体来代替克尔盒不但可以克服上述缺点,且所需电压比起克尔效应要低些。

和电场作用下产生双折射现象一样,磁场的作用也能使介质产生各向异性性质。对于磁场中的介质,当光以不同于磁场的方向通过它时,也表现出双折射现象,称为磁光克尔效应。

这里的实验装置和观察克尔效应所用的实验装置类似。当光通过某些蒸汽或液体时，若在垂直于介质中光束的传播方向上加以磁场，则在光束的传播方向上，介质中出现的最大的 o 光和 e 光的折射率之差与磁场的平方成正比，即

$$n_o - n_e = \lambda_0 c H^2$$

式中：λ_0 为光在真空中的波长，c 为磁光克尔系数，H 为磁场强度。

利用物质的磁光克尔效应可制成磁光调制器。若光的传播方向与磁场不正交，则还同时存在法拉第旋光效应(见 11.8 节)。

11.6.6　偏振技术的其他应用

随着纳米技术的发展，纳米颗粒粒度的测量成为研究的热点。研究发现，颗粒粒径与散射光的偏振度之间存在一定的关系。因此，测量纳米颗粒散射光的偏振度可作为测定颗粒粒径大小的一个依据。

另外，光波经物体表面反射后，根据物体表面的结构、纹理以及光波的入射角度，反射光的偏振状态将发生改变，使物体表面的某些信息得到增强，据此人们可以观测到物体更多的细节和现象，从而可以更有效地鉴别物体。这种方法可用于光电遥感技术中，便于人们从复杂的自然环境中检测和分离出目标，并有效地减少图像杂乱背景的影响。

*11.7　液晶显示器成像原理

将一块偏振片放在液晶屏前旋转，如果能观察到透射光完全变暗，即出现"消光"现象，我们就可以判断这块液晶屏发出的是线偏振光。下面以"扭曲向列型液晶显示器"(twisted nematic liquid crystal display)为例，介绍液晶显示器的成像原理。

1. 液晶

液晶于 1888 年由奥地利植物学家莱尼采尔(F.Reinitzer)发现。翌年当德国物理学家莱曼(O. Lehmann)在用偏光显微镜观察这种黏稠混浊的液体时，发现存在双折射现象。于是他把这种具有光学各向异性、流动性的液体称为液晶。它是一种性能介于固体和液体之间的有机高分子材料，既有液体的流动性，又有晶体结构排列的有序性。

液晶可分为向列型、胆甾型和近晶型三种。它有许多独特的光学性质，有热光、电光和磁光等效应。另外，许多生物组织中也存在液晶，如蛋白质、红细胞、类脂、神经组织等都具有液晶结构。目前已有 75 000 多种液晶物质，多数为脂肪族、芳香族和胆甾族化合物。

2. 液晶的旋光显示

广泛应用于手表、计算器、显示屏的液晶显示器利用了液晶电光效应中的扭曲向列型效应。向列型液晶分子呈棒状，分子的长轴大致平行，长轴方向即光轴方向。液晶被嵌入两块玻璃板之间，两端各有一块偏振片，两块偏振片的偏振化方向垂直，这种结构形成了所谓的"扭曲向列型液晶显示器"，其原理如图 11-33 所示。

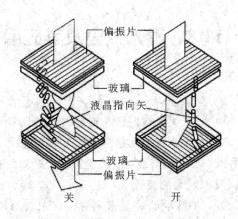

图 11-33 扭曲向列型液晶显示器原理图

两块玻璃的内表面上先镀有一层透明而导电的薄膜以作电极之用(这种薄膜通常是一种铟(Indium)和锡(Tin)的氧化物(Oxide),简称 ITO);然后在有 ITO 的玻璃上镀以表面配向剂,使液晶顺着一个特定且平行于玻璃表面的方向排列。此组件中的液晶分子采取逐渐过渡的方式被扭转成螺旋状。这种扭转结构具有旋光性,能使通过液晶层的线偏振光的振动面旋转。此时如果光从上端进入,那么经过第一块偏振片后的线偏振光经过扭曲状态的液晶分子的引导,偏振化方向也随之扭曲。选择适当的厚度可使光的偏振化方向刚好改变 90°,使得光线可以顺利地从下端的偏振片出射,在该点位置照亮玻璃板,显示白色。

如果在两块玻璃板的电极上加上电压,那么液晶分子中除了少数贴近电极表面的分子外,其余的都会迅速沿电场方向排列,此时扭曲结构消失,液晶层的旋光作用消失,光的偏振化方向就不会改变,光不能通过第二块偏振片,玻璃板上该点的位置显示为黑色,撤去电场后,液晶又恢复扭曲结构,这种效应就叫扭曲向列型效应。就像一个电灯开关一样,打开或关闭电场就可以控制液晶显示器是否能让光线通过,显示为暗(黑色)或亮(白色)。当许多这样的单元格构成一个矩阵时,就能形成图形和图像。为了产生更多的颜色,每个像素被分为三个子像素,并将红、绿、蓝三个滤光片放在这些子像素上,通过分别触发子像素加色混合,即可产生所需的颜色。

此外,还有薄膜晶体管液晶显示器、高分子散布型液晶显示器等。目前大多数手机、笔记本电脑使用的是薄膜晶体管液晶显示屏,它的两端也有两块偏振片,出射的光为线偏振光。值得一提的是,对于有触摸功能的液晶屏,由于最外层偏振片的外面还有一层触摸控制片,线偏振光通过触摸控制片后变换成圆偏振光(非单一方向偏振),这时若用偏振片来检验,则透射光不会完全变暗,即没有"消光"现象。

思考题 11-10 剥去液晶显示器的第二块偏振片,屏幕能否显示图像?如果不能,这时观察到的屏幕是亮的还是暗的?

思考题 11-11 文中介绍的液晶显示器在不加电场时液晶透光,屏幕显示白色,称为常白(或常亮)液晶显示器。不加电场时显示黑色的液晶显示器称为常黑液晶显示器。请问如何实现常黑型液晶显示?

思考题 11-12 (设计题)设计一个能利用日常物品来观察光的偏振现象的装置,要求实验现象明显。

*11.8　旋光效应及其应用

11.8.1　旋光性

　　1811 年,阿喇果(D. Arage)发现当线偏振光通过某些透明物质时,它的振动面将以光的传播方向为轴线旋转一定的角度,这种现象称为旋光性。能产生旋光现象的物质称为旋光物质,如石英晶体、糖溶液、酒石酸溶液等。实验证明,振动面旋转的角度取决于旋光物质的性质、厚度或浓度,以及入射光的波长等。

　　物质的旋光性可用图 11－34 所示的装置来研究。首先取两块相互正交的偏振片 P_1、P_2(AM、BN 分别表示偏振片 P_1、P_2 的偏振化方向),此时视场为黑暗(消光)状态;然后把旋光物质 C 放在两块偏振片之间,将会看到视场变亮;最后将偏振片 P_1 绕光的传播方向旋转某一角度,视场又将由明亮变为黑暗(再次消光)。这说明线偏振光透过旋光物质后仍然为线偏振光,但是其振动面旋转了一个角度,旋转角等于偏振片 P_2 旋转的角度。

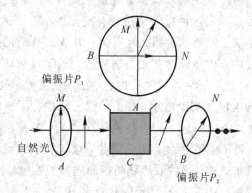

图 11－34　物质的旋光性

11.8.2　糖量计

　　下面研究糖溶液、松节油等液体的旋光性。由实验可知,当入射的单色光波长一定时,振动面的旋转角 φ 为

$$\varphi = kcd \tag{11-4}$$

式中:c、d 分别为糖液的浓度和厚度;k 为旋光系数,由旋光物质的性质决定,与光波的波长有关。

　　在制糖工业中,根据旋光效应制成的糖量计可以测量糖溶液的浓度。如图 11－34 所示,将玻璃容器中装入待测的糖溶液,放在两块相互正交的偏振片之间。由于糖溶液的旋光作用,视场将由黑变亮。旋转检偏器 P_2,使视场重新恢复黑暗,所旋转的角度就是振动面的旋转角 φ。将已知的 d、k 以及所测定的 φ 代入式(11－4)就可算得糖溶液的浓度 c(通常在检偏器的刻度盘上,直接标出糖溶液的浓度)。

　　除糖溶液以外,许多有机物质(特别是药物)的溶液也具有旋光性,分析和研究液体的旋光性也需要利用糖量计,所以通常把这种分析方法叫作量糖术。量糖术在化学、制药等工业中都有广泛的应用。

11.8.3　光隔离器

在激光的多级放大装置中，往往需要安装"光隔离器"——只允许光从一个方向通过而不能从反方向通过，因为光学放大系统中有许多界面，它们都会把一部分光反射回去，这对前级的装置会造成干扰和损坏。

利用法拉第旋转效应可以制成光隔离器。法拉第旋转效应是用人工方法产生的旋光效应，又称磁致旋光效应。它具有以下两个特点：

（1）置于磁场中的具有法拉第旋转效应的物质，会使通过其中的线偏振光的振动面产生旋转，具体的实验方法如下：

由起偏器 P_1 产生线偏振光，线偏振光穿过带孔的电磁铁（或螺线管），沿着（或逆着）磁场方向透过样品（如玻璃、二硫化碳、汽油等）。当励磁线圈中没有电流时，令检偏器 P_2 的偏振化方向与 P_1 正交，这时出现消光现象，表明振动面在样品中没有旋转。通过励磁电流产生强磁场后，则消光现象消失，然后将 P_2 的偏振化方向转过 ϕ 角，再次出现消光现象，这表明振动面在样品中也转过了 ϕ 角。

实验表明，对于给定的样品，振动面的转角与样品的长度 l 和磁感应强度 B 成正比，即

$$\phi = VlB$$

其中，比例系数 V 叫作维尔德（Verdet）常数。一般物质的维尔德常数都很小，相对来说，液体中维尔德常数较大的有二硫化碳（CS_2）（$V = 0.042'/(cm \cdot Gs)$），固体中某些重火石玻璃的维尔德常数可达 $0.09'/(cm \cdot Gs)$。

（2）当光的传播方向反转时，法拉第旋转的左右方向互换，这与自然旋光物质有很大不同，自然旋光的左右旋是由旋光物质决定的，与光的传播方向是否反转无关。

当线偏振光通过磁光介质时，光束由于反射一正一反两次通过磁光介质后，振动面的最终位置与初始位置比较转过了 2ϕ 的角度。这时在磁光介质前放置一块偏振片，使其偏振化方向与入射光保持一致，就可以避免反射光通过偏振片，从而实现光隔离。

第12章　相　对　论

　　爱因斯坦的狭义相对论和广义相对论是对经典物理时空观的深刻变革。从绝对时空到相对时空，从平直时空到弯曲时空，相对论致力于构建物理学理论的协调和统一。作为现代物理学的两大基石之一，相对论不仅为认识小至粒子、大至宇宙的广阔世界提供了有力的理论工具，同时也发展起了一系列前所未有的技术应用。本章论述狭义相对论的基本原理及其时空观，介绍涉及狭义相对论知识的粒子物理技术，简述广义相对论以及由此发展起来的一些现代观测技术。

12.1　狭义相对论基本原理

12.1.1　光速不变原理

　　爱因斯坦在研究电动力学时发现，电动力学与经典力学之间存在不协调性。根据麦克斯韦电磁理论，真空中电磁场的波动方程为

$$
\begin{cases}
\nabla^2 \boldsymbol{E} - \dfrac{1}{c^2}\dfrac{\partial^2 \boldsymbol{E}}{\partial t^2} = \boldsymbol{0} \\[2mm]
\nabla^2 \boldsymbol{B} - \dfrac{1}{c^2}\dfrac{\partial^2 \boldsymbol{B}}{\partial t^2} = \boldsymbol{0}
\end{cases}
\tag{12-1}
$$

式中，真空中的光速 c 不因参考系选取的不同而不同。但是根据伽利略变换，若观测者在 K 参考系中观测到光的速度为 c，另有一观测者在 K′ 系中，且 K′ 系沿着光的传播方向相对于 K 系做速率为 v 的匀速直线运动，则该观测者观测到的光速为 $c'=c-v$。

　　这个问题的提出可以追溯到爱因斯坦的中学时代。16 岁时，爱因斯坦曾思考这样的问题："假如我以光速运动，应当看到什么？"

　　爱因斯坦注意到了 1851 年菲索水流中的光速实验(见图 12-1)。由 S 发出的光经分束镜 P 分两路经过流速为 v 的水，最后出来时会合，形成干涉条纹(M_1、M_2、M_3 为反光镜)。流水中的两路光相对于实验室的速率为

$$
u = \frac{c}{n} \pm kv
$$

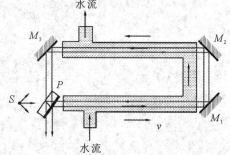

图 12-1　菲索水流中光速实验原理图

式中：n 为介质的折射率，k 为流动介质的拖曳系数。根据菲索实验，测得 $k=0.46$。这一结果与菲涅耳假定光以太被运动物体拖曳推得的系数 $k=1-1/n^2$ 基本符合。但是爱因斯坦从一个全新的角度诠释了它(不用会造成理论不协调的伽利略时空变换，而用后面将要给出的洛

伦兹时空变换)——若 K′惯性系相对于 K 惯性系以速率 v 做匀速直线运动，沿着这一运动方向，有一物体在 K 系观测到的速率为 u，在 K′系观测到的速率为 u'，则有

$$u = \frac{u'+v}{1+\frac{v}{c^2}u'}$$

$(12-2)$

对于菲索水流中的光速实验，相对于流水静止的观测者观测到的光速为 $u'=c/n$，实验室观测者观测到顺着水流方向传播的光的速率为

$$u = \frac{\frac{c}{n}+v}{1+\frac{v}{cn}} = \left(\frac{c}{n}+v\right)\left(1-\frac{v}{cn}+\cdots\right) \approx \frac{c}{n}+\left(1-\frac{1}{n^2}\right)v$$

$(12-3)$

考虑到 $v \ll c$，上式中右边的结果忽略了高阶小量。

进一步，对于真空，$n=1$，于是：

$$\begin{cases} u'=c \\ u=\dfrac{c+v}{1+\dfrac{v}{c \cdot 1}}=c \end{cases}$$

$(12-4)$

即在新的时空变换下，理论的不协调性可以得到克服。在协调的理论下，真空中的光速不依赖于惯性系的选取，光速的大小与光源或观测者等的运动无关，为一恒量——这一论断就是相对论的光速不变原理。今天，我们已将真空中的光速定义为一个确定的值：

$$c=2.997\ 924\ 58 \times 10^8\ \text{m/s}$$

$(12-5)$

12.1.2　狭义相对性原理

经典力学中的伽利略相对性原理表明，一切惯性系对力学规律都是等价的。在任何一个惯性系中，无论做什么样的力学实验，我们都不能确定该惯性系是否在运动，即运动的描述只具有相对的意义，不存在绝对静止的参考系。爱因斯坦将这一原理推广到包含力学、电磁学等规律在内的一切物理规律，构成狭义相对性原理。根据这一原理，自然界不存在一个特殊优越的惯性系，物理定律在一切惯性系中都具有相同的数学形式，即一切惯性系对于描述物理现象都是等价的。

麦克斯韦电磁理论符合上述两个原理的要求。这在式(12-1)中就可以看到，我们不会因为惯性系选取的不同而改变真空中电磁场波动方程的形式以及波速的大小。但是经典力学理论却需要加以改造，其核心是引入一种新的时空变换关系。

12.1.3　狭义相对论时空观

设有两个惯性系，分别建立直角坐标系 K$(Oxyz)$ 和 K′$(O'x'y'z')$，x'、y'、z' 轴分别与 x、y、z 轴平行且正方向一致，K′系相对于 K 系做沿 x 轴正方向的速率为 v 的匀速直线运动(见图 12-2)。取原点 O 与 O' 重合时作为零时刻点，某事件 P 在两参考系中的

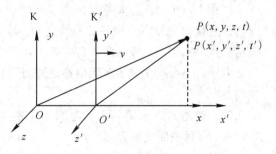

图 12-2　时空变换坐标图

时空坐标分别为(x,y,z,t)、(x',y',z',t')，由光速不变原理和狭义相对性原理，可以推得两套坐标之间满足洛伦兹变换关系：

时间：
$$t'=\frac{t-\frac{v}{c^2}x}{\sqrt{1-\frac{v^2}{c^2}}} \quad \text{（相对时间）}$$

空间：
$$x'=\frac{x-vt}{\sqrt{1-\frac{v^2}{c^2}}} \quad \text{（相对空间）}$$

$$y'=y$$
$$z'=z$$

可以看出，当速度$v\ll c$时，洛伦兹变换近似为伽利略变换，即经典力学为狭义相对论在低速运动下的近似。

现在考察两个事件P_1和P_2之间的时间和空间间隔。在K系中，两事件的坐标分别为(x_1,y_1,z_1,t_1)和(x_2,y_2,z_2,t_2)，时空间隔的各分量为$\Delta t=t_2-t_1$，$\Delta x=x_2-x_1$，$\Delta y=y_2-y_1$，$\Delta z=z_2-z_1$。在K'系中，两事件的坐标分别为(x_1',y_1',z_1',t_1')和(x_2',y_2',z_2',t_2')，时空间隔分量为$\Delta t'=t_2'-t_1'$，$\Delta x'=x_2'-x_1'$，$\Delta y'=y_2'-y_1'$，$\Delta z'=z_2'-z_1'$。根据洛伦兹变换得

时间间隔：
$$\Delta t'=\frac{\Delta t-\frac{v}{c^2}\Delta x}{\sqrt{1-\frac{v^2}{c^2}}} \tag{12-6}$$

空间间隔：
$$\Delta x'=\frac{\Delta x-v\Delta t}{\sqrt{1-\frac{v^2}{c^2}}} \tag{12-7}$$

$$\Delta y'=\Delta y,\ \Delta z'=\Delta z$$

可以看到，在洛伦兹变换下，时间、空间、运动三者密切联系在了一起，成为一个不可分割的整体，即时间和空间在相对论中只具有相对的意义，不像在经典力学中被赋予绝对性。

思考题 12-1　考虑K系相对于K'系做沿x'轴正方向的速度为$-v$的匀速直线运动，将坐标系K'与K的角色互换，写出洛伦兹时空坐标、时空间隔的逆变换。

例题 12-1　我们来考察两个事件的同时关系。如图12-3所示，飞船平行于地面以可与光速比拟的速率v做匀速直线运动。地面上一女生在与迎面而来的男生相遇那一刻，递给男生一束鲜花。接着两人背向行走，相距100 m时，彼此又转头回望了一下。以地面为参考系，递接鲜花和相互回望都是同时发生的，问以飞船为参考系，它们还都是同时事件吗？

解　设地面为K系，飞船为K'系，取飞船飞行的方向为x'轴正方向。以地面为参考系，两个事件的时空间隔$\Delta t=t_2-t_1$，$\Delta x=x_2-x_1$。以飞船为参考系，这两个事件的时空间隔$\Delta t'=t_2'-t_1'$，$\Delta x'=x_2'-x_1'$。

图 12 - 3 同时的相对性

(1) 对于递、接鲜花这两个事件来说：$t_2 = t_1$，$x_2 = x_1$，即在地面上两事件是既同时、又同地发生的，$\Delta t = 0$，$\Delta x = 0$。对于这两个事件，宇航员观测的结果如下：

$$\Delta t' = \frac{\Delta t - \dfrac{v}{c^2}\Delta x}{\sqrt{1 - \dfrac{v^2}{c^2}}} = 0$$

即也是同时发生的。

(2) 对于男回望女、女回望男这两个事件来说：$t_2 = t_1$，$x_2 \neq x_1$，即在地面上两事件是同时、不同地发生的，$\Delta t = 0$，$\Delta x \neq 0$，在这种情况下：

$$\Delta t' = \frac{\Delta t - \dfrac{v}{c^2}\Delta x}{\sqrt{1 - \dfrac{v^2}{c^2}}} = \frac{\dfrac{v}{c^2}\Delta x}{\sqrt{1 - \dfrac{v^2}{c^2}}} \neq 0$$

即以宇航员为参考系，男女互望不是同时发生的。

这个例子表明，经典力学中同时的绝对性也是日常生活中我们想当然认为的，现在看来并不成立。在狭义相对论中：只有同地之同时，方能在其他惯性系中同时；不同地之同时，在其他惯性系中并不同时，即同时是相对的。

例题 12 - 2 现在来考察两个事件的先后关系。两个惯性坐标系(见图 12-4)类似于上例，地面上杭州、北京各有一名婴儿出生，宇航员观测到北京婴儿先出生，问在地球上观测如何？

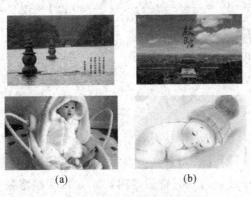

(a)   (b)

图 12 - 4 先后的相对性

解　仍设地面为 K 系，飞船为 K′系，飞船行进方向为 x′轴正方向。设杭州婴儿出生为事件 1，北京婴儿出生为事件 2。以地面为参考系，两事件的时空间隔 $\Delta t = t_2 - t_1$，$\Delta x = x_2 - x_1 > 0$。以飞船为参考系，考虑到宇航员观测到北京婴儿先出生，两事件的时间间隔为

$$\Delta t' = t_2' - t_1' = \frac{\Delta t - \frac{v}{c^2}\Delta x}{\sqrt{1 - \frac{v^2}{c^2}}} < 0$$

由此可以得到：

(1) 北京婴儿先出生：$\Delta t < 0$（可能）。

(2) 北京杭州同时生：$\Delta t = 0$（可能）。

(3) 北京婴儿后出生：$\Delta t > 0$（可能，但需满足条件：$\Delta t < \Delta x \cdot v/c^2$）。

上述结果表明，事件的先后也是相对的。这立刻会引起人们的疑问：难道祖辈与我们来到这个世界的先后也是相对的？我们设想上面结果中的第三种情形，即北京婴儿后出生、杭州婴儿先出生的情况——假如这两个事件是有因果联系的，例如，杭州的外婆生了妈妈，妈妈到北京生了儿子。在这种情况下，宇航员能观察到先北京生了儿子，后杭州生了妈妈吗？

我们采用反证法——假定这是可能的，则刚好符合题目中给出的条件，因此必须满足情形(3)的要求($\Delta t < \Delta x \cdot v/c^2$)，即要求：

$$\frac{\Delta x}{\Delta t} > \frac{c^2}{v} > c$$

也就是说，杭州的外婆刚把"妈妈"生下来，这个"妈妈"立马以大于真空中光速 c 的速度飞奔到北京，并立马在北京生下儿子，才有可能让宇航员观测到先北京生了儿子，后杭州生了妈妈——这显然是荒谬透顶的！因此我们说：无因果关系的先后是相对的，而因果事件的先后则是绝对的，即因果律不可违反。

例题 12-3　实验测得静止 $\pi^{\pm}$ 介子的寿命为 2.603×10^{-8} s，又测得对于以 $0.91c$ 高速直线飞行的 $\pi^{\pm}$ 介子，平均飞行距离是 17.135 m。试计算飞行 $\pi^{\pm}$ 介子的平均寿命。

解　飞行 $\pi^{\pm}$ 介子的寿命为

$$\tau = \frac{s}{v} = \frac{17.135}{0.91 \times 2.9979 \times 10^8} \approx 6.281 \times 10^{-8} \text{ s}$$

这个结果也可以从洛伦兹变换关系得到。设实验室为 K 系，飞行 $\pi^{\pm}$ 介子为 K′系，对于粒子飞行始、末两个事件的时间间隔，有

$$\Delta t = \frac{\Delta t' + \frac{v}{c^2}\Delta x'}{\sqrt{1 - \frac{v^2}{c^2}}} \tag{12-8}$$

式中：$\Delta x' = 0$，$\Delta t'$ 为与 $\pi^{\pm}$ 介子相对静止的参考系中测得的粒子寿命，即固有时 τ_0——与时钟相对静止的参考系中记录的该时钟的时间，Δt 是以实验室为参考系观测的飞行 $\pi^{\pm}$ 介子的寿命，即运动时 τ，满足：

$$\tau = \frac{\tau_0}{\sqrt{1 - \dfrac{v^2}{c^2}}} \tag{12-9}$$

以 $\tau_0 = 2.603 \times 10^{-8}$ s 代入，得 $\tau = 6.278 \times 10^{-8}$ s，与前面根据测量到的飞行距离计算所得结果比较，只有约 0.04% 的相对偏差，说明洛伦兹时空变换的正确性。

式(12-9)表明，若在一个相对于时钟运动的参考系里考察时钟的固有时 τ_0，则其变成了 τ(变长了)，这叫作狭义相对论的时间膨胀或动钟变慢效应。运动速度 v 越接近于光速 c，膨胀效应就越显著。据此，对于中国古代烂柯传说"山中一日，世上千年"(见图 12-5)，可以做一番科学想象了——樵夫王质所到仙山以 $v \approx 0.999\,999\,999\,625c$ 的速度相对于他的家乡运动。然而，正如明代徐渭诗中所写："闲看数着烂樵柯，涧草山花一刹那。五百年来棋一局，仙家岁月也无多。"相对论的时间膨胀效应并非实质意义上的时钟变化，而是与相对运动相联系的相对论观测效应。山中的神仙若也来观测一下人间，则就成了"世上一日，山中千年"。

图 12-5　烂柯传说

例题 12-4　在例 12-3 中，在与飞行 $\pi^\pm$ 介子相对静止的参考系中观测到的粒子的飞行距离是多长？

解　在相对于飞行 $\pi^\pm$ 介子静止的参考系中观测，粒子的飞行距离为

$$s' = v\tau_0 = 0.91 \times 2.9979 \times 10^8 \times 2.603 \times 10^{-8} \approx 7.101 \text{ m}$$

这个结果也可以从相对论物体长度测量的角度加以计算。$\pi^\pm$ 介子相对于实验室飞过 17.135 m 的距离，相当于介子从一根固定在实验室里的尺子的一头飞到另一头。在与尺子相对静止的实验室参考系中，测得的尺子的长度是尺子的固有长度 l_0。在相对于飞行 $\pi^\pm$ 介子静止的参考系里观测，该尺子是运动的，长度为运动长度 l。运动长度的测量规则是：在一个参考系里，同时对运动物体的两端测定其坐标，两坐标之差即为 l。

仍设实验室为 K 系，飞行 $\pi^\pm$ 介子为 K' 系，对于在 K' 系同时测量运动尺子两端的两个事件，有 $\Delta t' = 0$，$\Delta x' = l$，$\Delta x = l_0$。根据洛伦兹变换，有

$$\Delta x = \frac{\Delta x' + v\Delta t'}{\sqrt{1 - \dfrac{v^2}{c^2}}} \tag{12-10}$$

得

$$l = l_0 \sqrt{1 - \frac{v^2}{c^2}} \tag{12-11}$$

以 $l_0 = 17.135$ m，$v = 0.91c$ 代入，得 $l_0 = 7.104$ m，较之前面的结果，也只有约 0.04% 的相对偏差。

式(12-11)表明，当观测一个运动的物体时，在运动方向上其长度变短——狭义相对论的长度收缩或动尺缩短效应。与时间膨胀效应类似，长度收缩效应也只是与相对运动相联系的相对论观测效应，而非实质意义上的物体伸缩。

思考题 12-2　对爱因斯坦建立狭义相对论有过重要启发的另一观测事实是光行差现象。1728 年，英国天文学家布拉德雷发现，由于地球绕太阳的公转运动，恒星的视位置 S' 与太阳系参考系下的位置 S 比较，有一个很小的角度偏差。试利用光速不变原理及洛伦兹时空间隔变换关系，考察图 12-6 中的光行差角度 α，体会狭义相对论的自洽性。

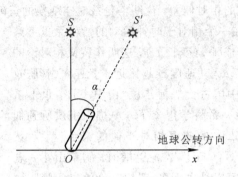

图 12-6　光行差原理

思考题 12-3　对于迈克尔逊-莫雷实验，虽然爱因斯坦在 1905 年的论文中只以"企图证实地球相对于'光媒质'运动的实验的失败"这样笼统的话一语带过，但在今天几乎是每一本介绍相对论的书都会首先讨论的内容。图 12-7 为迈克尔逊-莫雷实验装置，S 为光源，P 为分束镜，M 为反光镜。由于地球相对于太阳有公转运动，若存在相对于太阳静止的光媒质"以太"，按经典力学的伽利略速度变换，对于实验室参考系来说，光在公转方向一臂上的来回速度为 $c\pm v$，在与之垂直一臂上的来回速度为 $\sqrt{c^2-v^2}$，则最后从干涉仪出来的两路光之间存在光程差，可以产生干涉条纹。将整个实验装置水平转过 90°，干涉仪两臂上光的来回速度互换。那么：

(1) 据此计算装置转动可能引起的干涉条纹移动；

(2) 如果采用狭义相对论的光速不变原理，装置转动会有同样的条纹移动吗？

(3) 无论是 1881 年的迈克尔逊实验，还是 1887 年改进了的迈克尔逊-莫雷实验，都没有观测到预期的条纹移动。根据这一事实，可以得出哪些可能的结论？

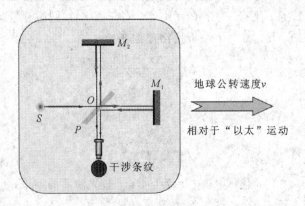

图 12-7　迈克尔逊-莫雷实验

*12.2　粒子物理技术

12.2.1　粒子加速器

　　粒子加速器是用电磁场加速带电粒子产生高能粒子束的装置。它是探索微观粒子性质、内部结构和相互作用的重要工具，在科学技术、国防建设、医疗卫生、工农业生产乃至日常生活等方面都有重要的应用。

　　加速器的基本工作流程如图 12-8 所示，其中带电粒子的加速是核心。粒子加速器可分为静电加速器、直线加速器、回旋加速器、电子感应加速器、同步回旋加速器、对撞机等多种类型，但基本的加速机制主要是三种：静电场加速、感生电场加速及交变电场加速。

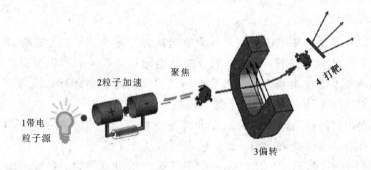

图 12-8　加速器工作流程

1. 静电场加速

　　静电加速器是以高压静电场加速带电粒子的加速器，其高压产生多采用范德格拉夫起电机。图 12-9 为范德格拉夫起电装置结构简图，它可以利用滚轴与传动带摩擦起电，或者利用外接直流电源供电，电刷与传动带之间的空气可以被高电压电离，这样电荷可以经由传送带、上电刷源源不断地传向金属球壳。球壳积聚大量电荷后，可用于演示静电竖发、火花放电等众多有趣的静电现象(见图 12-10)。现代的范德格拉夫起电机能产生近千万伏的高电压，可用于加速质子、电子等各种带电粒子。

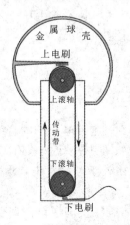

图 12-9　范德格拉夫起电机

(a)

(b)

图 12-10　范德格拉夫起电机科普展示

2. 感生电场加速

电子感应加速器是利用电磁感应产生涡旋电场加速电子的装置。如图 12-11 所示,电磁铁两极间置有一环形真空室,电磁铁通以交变电流后,两极间产生交变磁场,变化的磁通量在真空室内激发感生电场。用电子枪沿切线方向将电子射入环形真空室,使其在感生电场的作用下加速。同时,磁场对电子的洛伦兹力使电子做半径为 r 的圆周运动。在交变电流的一个周期内,只有当感生电场的方向与电子绕行方向相反时,电子才能得到加速。因此,需要在电场尚未改变方向前,就将已在环内绕行了几十万圈的高速电子束从加速器中引出。当电子沿曲线运动时,其切线方向不断地产生电磁辐射,造成了能量损失,电子感应加速器的电子能量极限约为 100 MeV。

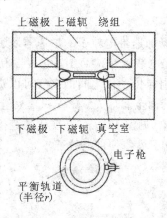

图 12-11　电子感应加速器

3. 交变电场加速

图 12-12 是一种利用高频电场加速带电粒子的直线加速器。加速器漂移管的正负极性随时间交替变化,管长 l_1、l_2、l_3、l_4 按一定关系依次增加,保证粒子在管子间隙处总是被电场加速;电场反向时,粒子束团处于漂移管中,漂移管屏蔽减速电场,使整个过程始终是一个加速过程。为了使粒子获得足够高的速度,直线加速器需要装置足够多的漂移管,整个加速器的长度相当可观。例如,美国斯坦福直线加速器管长为 3050 m,加速后的粒子能量可高达约 90 GeV。

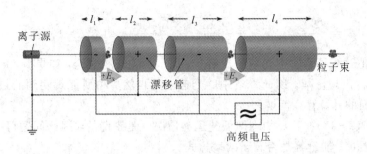

图 12-12 直线加速器

　　缩小加速器空间尺度的一个办法是引入磁场将带电粒子的运动轨迹改成圆形，这相当于是直线加速器的变形。

　　如图 12-13 所示，回旋加速器在磁极间的真空室内装置两个 D 形金属盒，盒上加交变电压，两盒间隙处形成交变电场。粒子源产生的带电粒子由中心处射出，在盒间受到电场作用加速，在盒内则不受电场力，仅受磁场的洛伦兹力，做半径为

$$r = \frac{mv}{qB}$$

的圆周运动（m、q、v 分别为粒子的质量、电荷和速度，B 为磁感应强度）。粒子绕行半圈的时间为

$$t = \frac{\pi m}{qB}$$

与粒子的速度大小无关。若取交变电压的周期约为上述时间的 2 倍，则粒子每绕行半圈，总会在盒间隙处受到一次加速，绕行半径增大，形成近似螺线形的运动轨道，最后粒子从 D 形盒边缘引出，能量可达几十兆电子伏特。

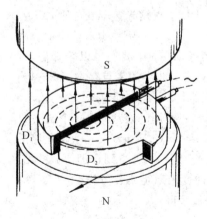

图 12-13 回旋加速器

　　现在来计算，一个开始静止的电子，在 10 MV 电压的作用下，可以加速到多大的速度。由

$$eU = E_k = \frac{1}{2}mv^2 \tag{12-12}$$

得

$$v = \sqrt{\frac{2eU}{m}} = \sqrt{\frac{2 \times 1.6 \times 10^{-19} \times 10 \times 10^{6}}{9.1 \times 10^{-31}}} \approx 1.875 \times 10^{9} \text{ m/s}$$

上述速度值达到了真空中光速的 6 倍多。而根据狭义相对论，如果 $v > c$，那么洛伦兹时空变换式中将出现虚数，因此真空中的光速 c 是自然界中所能观测到的最大运动速度。这样看来，上面的计算存在问题。

考虑到式(12-12)在经典物理即低速运动情况下是正确的，因此问题可能出在高速情况下，粒子的质量、能量等是否有新的表达式。

在狭义相对论中，力学基本方程(实质为动量定理)仍为

$$F = \frac{\mathrm{d}\boldsymbol{p}}{\mathrm{d}t} \tag{12-13}$$

式中：

$$\boldsymbol{p} = m\boldsymbol{v} \tag{12-14}$$

则有

$$F = \frac{\mathrm{d}\boldsymbol{p}}{\mathrm{d}t} = \frac{\mathrm{d}(m\boldsymbol{v})}{\mathrm{d}t} = m\frac{\mathrm{d}\boldsymbol{v}}{\mathrm{d}t} + \boldsymbol{v}\frac{\mathrm{d}m}{\mathrm{d}t} = m\boldsymbol{a} + \boldsymbol{v}\frac{\mathrm{d}m}{\mathrm{d}t} \tag{12-15}$$

如果物质的质量 m 不随速度的变化而变化，则有 $\boldsymbol{F} = m\boldsymbol{a}$，这正是经典力学中常用的动力学公式。但是接下来的推演表明，随着速度的增大，质量是要增大的。

考虑物质在力的方向上做直线运动。根据动能定理，有

$$F\mathrm{d}s = \mathrm{d}E_{\mathrm{k}} = \mathrm{d}E \tag{12-16}$$

又由动量定理：

$$F\mathrm{d}t = \mathrm{d}p = \mathrm{d}(mv) = m\mathrm{d}v + v\mathrm{d}m \tag{12-17}$$

消去两式中的 F，得

$$\mathrm{d}E = (m\mathrm{d}v + v\mathrm{d}m)v \tag{12-18}$$

将光子($v = c$)作为特例代入上式，根据光速不变原理，$\mathrm{d}c = 0$，得

$$\mathrm{d}E = \mathrm{d}(mc^{2}) \tag{12-19}$$

由上式解得 $E = mc^{2} + K$。考虑简单性，我们可以合理假设积分常量 $K = 0$(但这并不是必需的，如在量子光学中，就有一个非零的零点存在)，于是有

$$E = mc^{2} \tag{12-20}$$

我们期望寻找光和物质统一适用的表达式。这个统一的能量公式可能是 $E = mc^{2}$，$E = mvc$，$E = mv^{2}$，$E = mv^{3}/c$，$E = m(c^{2} + v^{2})/2$ 等。但是将后面几个式子代入式(12-18)均导致错误的结果，而将 $E = mc^{2}$ 代入则可得到合理协调的结论。因此，我们确定式(12-20)为普适的相对论能量公式，即爱因斯坦质能方程。

将质能方程代入式(12-18)得

$$\frac{\mathrm{d}m}{m} = \frac{-\frac{1}{2}d(c^{2} - v^{2})}{c^{2} - v^{2}} \tag{12-21}$$

两边积分得

$$m = \frac{1}{\alpha\sqrt{c^{2} - v^{2}}} \tag{12-22}$$

式中：积分常量 α 可由 $v=0$ 时 $m=m_0$ 得出。由

$$m_0 = \frac{1}{\alpha\sqrt{c^2-0^2}} \tag{12-23}$$

得

$$\alpha = \frac{1}{m_0 c} \tag{12-24}$$

代入式(12-22)，得相对论质量公式：

$$m = \frac{m_0}{\sqrt{1-\dfrac{v^2}{c^2}}} \tag{12-25}$$

式中：m 为物质的运动质量，即相对论质量，m_0 为静止质量，即固有质量。该关系式表明，物质与运动不可分割。同一物质，运动速度越大，其相对论质量也越大。仅当 $v \ll c$ 时，才有 $m \approx m_0$，即经典物理中我们认为理所当然的质量不变，也只不过是相对论在低速情况下的近似。

相对论能量公式 $E=mc^2$ 反映的是运动物质的总能量，物体的静能为

$$E_0 = m_0 c^2 \tag{12-26}$$

动能为

$$E_k = E - E_0 = mc^2 - m_0 c^2 \tag{12-27}$$

式(12-27)表明，在相对论中，物体动能的计算不能用经典表达式，而用下式：

$$E_k = mc^2 - m_0 c^2 = m_0 c^2 \left(\frac{1}{\sqrt{1-\dfrac{v^2}{c^2}}} - 1 \right) \tag{12-28}$$

当 $v \ll c$ 时，式(12-28)可近似过渡到 $E_k = mv^2/2$。

由式(12-28)可得粒子速度与动能的关系式：

$$v^2 = c^2 \left[1 - \left(\frac{E_k}{m_0 c^2} + 1 \right)^{-2} \right] \tag{12-29}$$

式中：当 $E_k \to \infty$ 时，$v^2 \to c^2$，表明粒子运动的速度存在极限。而在经典物理中，$v^2 = 2E_k/m_0$。1962年贝托奇的电子极限速率实验(见图12-14，小圆圈为实验结果)证实了狭义相对论质能方程、质量公式的正确性。

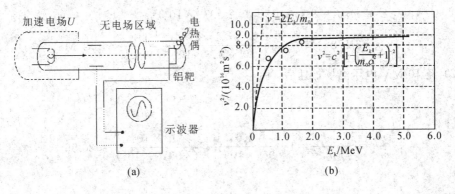

图 12-14 贝托奇电子极限速率实验装置及结果

又根据相对论质量公式可得

$$(mc^2)^2 = (mv)^2 c^2 + (m_0 c^2)^2$$

此即相对论能量-动量关系式:

$$E^2 = p^2 c^2 + E_0^2 \qquad (12-30)$$

例题 12 - 5 回过头来计算前面的问题:静止的电子在 10 MV 电压作用下,可以加速到多大速度。

解 由

$$eU = E_k = mc^2 - m_0 c^2 = m_0 c^2 \left[\frac{1}{\sqrt{1 - \dfrac{v^2}{c^2}}} - 1 \right]$$

得

$$v = c \sqrt{1 - \frac{1}{\left(\dfrac{eU}{m_0 c^2} + 1\right)^2}} \qquad (12-31)$$

式(12 - 31)对于不太高的加速电压 U, 由 $eU/m_0 c^2 \ll 1$, 得

$$v = \sqrt{\frac{2eU}{m_0}} \qquad (12-32)$$

这正是经典情况下的结果。

对于非常高的加速电压 U, 例如本题中的 10 MV 电压,必须考虑相对论效应,即用式(12 - 31)计算:

$$v = c \sqrt{1 - \frac{1}{\left(\dfrac{eU}{m_0 c^2} + 1\right)^2}} = c \sqrt{1 - \frac{1}{\left(\dfrac{1.6 \times 10^{-19} \times 10 \times 10^6}{9.1 \times 10^{-31} \times (2.9979 \times 10^8)^2} + 1\right)^2}}$$

$$\approx 0.998\,817c \approx 2.994\,35 \times 10^8 \text{ m/s}$$

这个速度非常接近但没有超过真空中光的速度,因而是合理的。

例题 12 - 6 计算:

(1) 电子的静能;

(2) 例 12 - 5 中电子的相对论质量与静止质量的比值及电子的总能量。

解 (1) 电子静能为

$$E_0 = m_0 c^2 = 9.1 \times 10^{-31} \times (2.9979 \times 10^8)^2$$

$$= 8.1785 \times 10^{-14} \text{ J} = \frac{8.1785 \times 10^{-14} \text{J}}{10^6 \times 1.6 \times 10^{-19} \text{J/MeV}} \approx 0.51 \text{ MeV}$$

(2) 经 10 MV 电压电场加速后,由

$$eU = E_k = mc^2 - m_0 c^2$$

得

$$\frac{m}{m_0} = 1 + \frac{eU}{m_0 c^2} = 1 + \frac{1.6 \times 10^{-19} \times 10 \times 10^6}{9.1 \times 10^{-31} \times (2.9979 \times 10^8)^2} \approx 20.56$$

或者

$$\frac{m}{m_0} = \frac{1}{\sqrt{1 - \frac{v^2}{c^2}}} = \frac{1}{\sqrt{1 - \frac{(0.998\,817c)^2}{c^2}}} \approx 20.56$$

总能量为

$$E = mc^2 = 20.56 m_0 c^2 = 20.56 \times 0.51 \text{ MeV} \approx 10.5 \text{ MeV} = eU + E_0$$

上述计算表明，一个动能为 10 MV 的电子，其质量已较静止质量增大近 20 倍。而在回旋加速器中，电子得以周期性加速的条件是，粒子绕行半圈的时间 $t = \pi m/(qB)$ 与交变电压的半周期一致且保持不变。但是根据狭义相对论，粒子在电场的反复作用下，当速度足够大时，质量的增大效应将越来越显著，导致 $t = \pi m/(qB)$ 明显增大，粒子不能继续得到加速。因此，回旋加速器对粒子能量的提高受到狭义相对论质增效应的限制。

为突破回旋加速器的能量限制，发展起了同步回旋加速器。这种新的加速器又称"调频回旋加速器"，它与经典回旋加速器在结构上十分相似，区别在于在起加速作用的 D 形电极共振回路中，使用了可变电容器来调变频率，使得粒子在加速过程中，加速电场的频率随粒子的回旋频率同步下降，以保持谐振加速的条件。

在同步回旋加速器中，除了回旋频率与加速电场频率保持严格同步的粒子外，还有一些非同步粒子，只要它们与同步粒子在能量和相位上的差别在一定的范围内，也可得到稳定加速。例如，假设同步粒子处在高频电场下降的相区内，若某一非同步粒子的相位落后于同步粒子，则会得到比同步粒子稍小的能量增益，它的回旋周期开始减小，因而在下一次到达加速电场区域时，其相位较前一次更接近于同步粒子。如此往复，使得非同步粒子的相位总是在同步相位附近做稳定相振荡，获得与同步粒子相同的平均能量增益。这一工作机制称作"自动稳相原理"，同步回旋加速器也因此称为"稳相加速器"。

突破相对论质增效应导致的回旋加速器能量限制的另一办法是，使磁极外圈的磁场逐渐增强，保持粒子质量与磁感应强度的比值 m/B 恒定，这样粒子绕行半圈的时间与交变电压的半周期可以始终保持一致。由这一方法发展起了扇形聚焦回旋加速器(见图 12 - 15)。

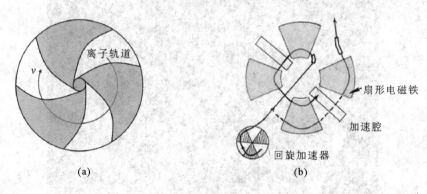

(a)　　　　　　(b)

图 12 - 15　两种扇形回旋加速器

回旋加速器中粒子的回旋半径逐步由小变大，磁体必须做成实心圆柱，极为笨重昂贵。改进后的同步加速器(见图 12 - 16)将磁极做成环形，带电粒子先在一个较小的加速器中加速，然后引入同步加速器进一步加速。美国费米国家加速器实验室最大的质子同步加速器的加速管道圈直径为 2 km，质子加速后的能量可达 500 GeV，若进一步使用超导强磁场，则能量可提高到 1000 GeV。

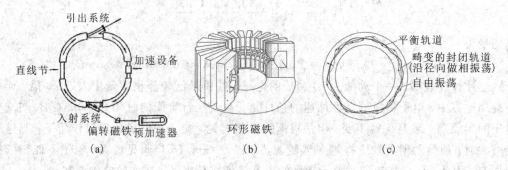

图 12 - 16　同步加速器

例题 12 - 7　北京正负电子对撞机始运行于 1989 年，是世界上在 τ 轻子和粲粒子产生阈附近亮度最高的对撞机，其外形像一个巨大的羽毛球拍(见图 12 - 17)。通过 202 m 长的注入器(直线加速器)可以把正负电子束加速到 1.1 GeV～1.4 GeV。由注入器输出的正负电子束经东西两条输运线分别送入周长为 240.4 m 的储存环(圆形加速器)。储存环南北各设一对撞点，南对撞点安装有大型探测器(2 GeV～5 GeV 能区)，其东西两侧是同步辐射实验室。

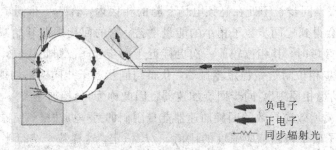

(a) 正负电子对撞过程

(b) 北京正负电子对撞机实验室外形

图 12 - 17　北京正负电子对撞机(BEPC)

试计算两个总能量各为 2.5 GeV 的高能正负电子对撞前：
(1) 相对于实验室的速度是多大？

（2）正负电子的相对速度是多大?

解　（1）由

$$E = mc^2 = \frac{m_0 c^2}{\sqrt{1 - \dfrac{v^2}{c^2}}} \tag{12-33}$$

得

$$v = c\sqrt{1 - \left(\frac{m_0 c^2}{E}\right)^2} \tag{12-34}$$

式中：电子静止质量 $m_0 = 9.1 \times 10^{-31}$ kg，光速 $c = 2.9979 \times 10^8$ m/s，$E = 2.5$ GeV $= 2.5 \times 10^9 \times 1.6 \times 10^{-19}$ J，代入得 $v \approx 0.999\,999\,979\,1c$。

（2）根据洛伦兹坐标变换，考虑 $u_x = \mathrm{d}x/\mathrm{d}t$，$u'_x = \mathrm{d}x'/\mathrm{d}t'$，可得 x 方向上的速度变换：

$$u'_x = \frac{u_x - v}{1 - \dfrac{v}{c^2}u_x} \tag{12-35}$$

其逆变换为

$$u_x = \frac{u'_x + v}{1 + \dfrac{v}{c^2}u'_x} \tag{12-36}$$

上式正是前面讨论菲索实验时用到的式(12-2)。

对于本题中对碰运动的正负电子（见图 12-18），若设负电子为 K 系，实验室为 K′ 系，则 K′ 系相对于 K 系的速度 $v = 0.999\,999\,979\,1c$，正电子相对于负电子的速度为 u_x，相对于实验室的速度 $u'_x = v = 0.999\,999\,979\,1c$，代入式(12-36)得

$$u_x = \frac{2v}{1 + \dfrac{v^2}{c^2}} \approx 0.999\,999\,999\,999\,999\,7c \tag{12-37}$$

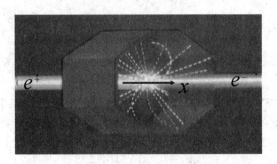

图 12-18　正负电子对撞计算

上述计算表明，两个非常接近光速运动的电子，其相对运动速度并没有超过光速，而只是更接近于光速。实际上，如果将其中一个电子换成光子，甚至将两个电子都换成光子，由式(12-36)可知，粒子相对运动的速度也只不过是真空中的光速 c。这体现了狭义相对论光速不变原理的自洽性。

例题 12 - 8　欧洲核子研究组织的大型强子对撞机(LHC)是目前世界上最大、能量最高的粒子加速器,2008 年投入运作,来自约 80 个国家的 7000 名科学家和工程师参与了项目的建设和试验。该装置主体为一个圆形加速器,深埋于地下 100 m,其环状隧道长 26.659 km,横跨法国、瑞士两国边境(见图 12 - 19)。设计的最大质子束流速度约比真空中的光速小 2.7 m/s。试计算:

(1) 该高能质子的速度 u 与光速 c 的比值以及质子束在加速器中每秒绕行的圈数;

(2) 该质子的总能量;

(3) 用该质子去轰击一个静止质子,相当于两个多大能量的等速质子对碰?

图 12 - 19　大型强子对撞机示意图

解　(1) 质子速度为

$$\frac{u}{c} = \frac{299\ 792\ 458 - 2.7}{299\ 792\ 458} \approx 0.999\ 999\ 991$$

$$u = \frac{299\ 792\ 458 - 2.7}{26\ 659} \approx 11\ 245.45\ \text{圈/秒}$$

(2) 质子能量为

$$E = mc^2 = \frac{m_0 c^2}{\sqrt{1 - \dfrac{u^2}{c^2}}}$$

$$= \frac{1.6726 \times 10^{-27} \times (2.997\ 924\ 58 \times 10^8)^2 / \sqrt{1 - 0.999\ 999\ 991^2}}{10^{12} \times 1.6 \times 10^{-19}} \approx 7\ \text{TeV}$$

(3) 对于一个 7 TeV 的高能质子轰击一个静止质子,若换作一个对两个质子对等的参考系观测,则相当于两个速度都为 v 的质子对碰。方法上,它就是前例中(2)的逆计算。因此,利用式(12 - 37)得

$$\frac{v}{c} = \frac{c}{u}\left(1 - \sqrt{1 - \frac{u^2}{c^2}}\right) \tag{12 - 38}$$

这个速度的质子能量为

$$E' = m'c^2 = \frac{m_0 c^2}{\sqrt{1 - \dfrac{v^2}{c^2}}} = \frac{m_0 c^2}{\sqrt{1 - \left[\dfrac{c}{u}\left(1 - \sqrt{1 - \dfrac{u^2}{c^2}}\right)\right]^2}} \tag{12 - 39}$$

当 u 非常接近于光速 c 时，由式(12-39)可得

$$E' \approx E\left[\frac{1-\frac{u}{c}}{2}\right]^{\frac{1}{4}} \qquad (12-40)$$

将 $u/c=0.999\ 999\ 991$ 代入式(12-39)或(12-40)，得 $E' \approx 0.057\ \text{TeV}$。

由此可见，一个 7 TeV 的高能质子打到一个静止质子上，只相当于两个 0.057 TeV 的质子对碰，总碰撞能量只有 0.114 TeV；而两个 7 TeV 的高能质子对撞，总碰撞能量为 14 TeV，它不是前者的 2 倍，而是 122 倍多。这正是用对撞机来进行高能物理实验的巨大优越性。

思考题 12-4 通过高能粒子物理实验，人们期望深入了解物质的基本构造，甚至模拟宇宙大爆炸发生时的状态，揭示宇宙起源的奥妙，探索暗物质、暗能量等重大的疑难问题。为此，对粒子能量提出了越来越高的要求。但是环型粒子对撞机向更高能区的发展，会遇到同步辐射能量损失随束流能量四次方增长的障碍，加速器的建造将不堪负担，因此，新一代的高能直线对撞机得到了世界各国的重视。计划建设中的国际直线对撞机(ILC)是一个大规模国际合作项目，中国是其中重要的参与国。在总长约 30 km 的地下隧道里，由两台大型超导直线加速器构建一台超高能量的正负电子对撞机(见图 12-20)。首期目标是将正负电子各加速到 250 GeV 的能量，对撞总能量为 500 GeV。试计算：

(1) 加速后的高能电子的质量；

(2) 电子相对于实验室的速度；

(3) 正负电子的相对运动速度。

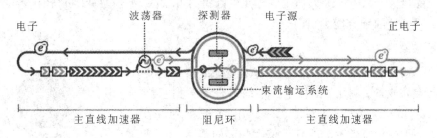

图 12-20 国际直线对撞机示意图

思考题 12-5 将相对论能量-动量关系式两边开方，得 $E=\pm\sqrt{p^2c^2+E_0^2}$。对于这个结果中的负值，一般的做法是认为其没有物理意义，可舍去。但是它真的没有物理意义吗？对这个问题的深入研究可以引出什么重要发现？

12.2.2 核武器、核电站

1. 原子核的结合能

原子核是由核子组成的，核子包括带正电的质子和不带电的中子。一个原子核可记为 $^A_Z X$，它表示该原子核含 A 个核子，其中质子数(原子序数)为 Z，中子数为 $A-Z$。实验测定表明，原子核的质量 m_X 小于同样数目自由状态的核子质量之和。用 m_p、m_n 分别表示质子和中子质量，有

$$\Delta m = [Zm_p + (A-Z)m_n] - m_X \tag{12-41}$$

这个质量差额叫作原子核的质量亏损。根据质能方程,有

$$\Delta E = \Delta m \cdot c^2 \tag{12-42}$$

由式(12-42)及能量守恒定律可知,核子组成核的过程必有能量放出,核分解成核子的过程则要吸收能量,这个能量称作原子核的结合能,用 E_B 表示。E_B 除以核子数 A 就是原子核中每个核子的平均结合能,也称比结合能。对于不同的原子核,核子的平均结合能不同(见图12-21),它是核内核子之间的核力和质子之间的库仑力综合作用的结果。

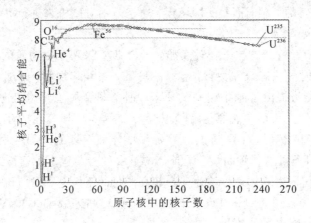

图 12-21　核子的平均结合能

核子的平均结合能越大,原子核就越稳定。由图12-21可以看出,中等质量原子核的平均结合能最大,原子核最为稳定,这就使得我们可以从"重核裂变"和"轻核聚变"两种途径来利用原子核的结合能。

2. 重核裂变

重原子核分裂成若干较轻的核称作裂变,重核裂变会释放出巨大的能量。例如,由核子的平均结合能数据粗略估算,若要将 $^{235}_{92}U$(铀核)分解成92个自由质子和143个自由中子,需提供 $235 \times 7.5 = 1762.5$ MeV的能量。对于这些自由核子,若其中有三四个仍保持自由,其余的组成两个中等质量的原子核,则可以释放约 $(235-3.5) \times 8.5 = 1967.75$ MeV的能量,即 $^{235}_{92}U$ 裂变成两个中等核,可以净放出约 $1967.75 - 1762.5 \approx 205$ MeV的结合能。

用热中子(^1_0n)轰击铀235,实际裂变产生的"碎片对"有许多种,图12-22是其中的一种,再举一种如下:

$$^{235}_{92}U + ^1_0n \rightarrow ^{140}_{54}Xe + ^{94}_{38}Sr + 2^1_0n$$

裂变生成的新核,由于有过多的中子而不够稳定。这些不稳定的放射性核,通过一系列的 β 衰变(放射电子),最终转变为稳定核。

一个铀核裂变能放出多于两个的中子,这些中子如果全部被别的铀核吸收,又会引起新的裂变,使得裂变的数

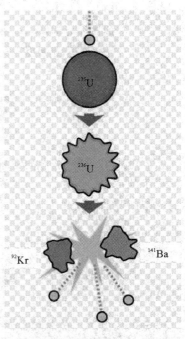

图 12-22　铀235的一种裂变方式

目按指数规律增大，形成极其可怕的链式反应——原子弹爆炸就是这种情形。但是如果对裂变进行控制，使得每次裂变平均只有一个中子引起新的裂变，让链式反应保持平和稳定，则可将核裂变释放出来的能量用于发电等——这就是核反应堆中的情形。

例题 12 - 9 $_{92}^{235}$U 裂变生成物的总静质量比裂变前的铀核质量约减少 $0.22u$（原子质量单位 $u \approx 1.66 \times 10^{-27}$ kg）。试估算：

(1) 1 kg 的 $_{92}^{235}$U 原子核全部裂变时释放的能量；

(2) 这个能量相当于燃烧多少吨标准煤产生的热量？

(3) 相当于多少吨 TNT 炸药爆炸产生的能量？

解 (1) 1 个 $_{92}^{235}$U 裂变时释放的能量为

(1) $\Delta E = \Delta m \cdot c^2 = 0.22 \times 1.66 \times 10^{-27} \times (3 \times 10^8)^2 = 3.29 \times 10^{-11}$ J ≈ 205 MeV

1 kg 的铀 235，原子核数约为 $(1000/235) \times 6.02 \times 10^{23} = 2.5617 \times 10^{24}$，其全部裂变时释放的能量为

$$\Delta E_{1\,kg铀235} = 2.5617 \times 10^{24} \times 3.29 \times 10^{-11} = 8.4 \times 10^{13} \text{ J}$$

(2) 1 吨标准煤产生的热量为

$$Q_{1吨煤} = 5000 \text{ 千大卡} = 5000 \times 10^6 \times 4.1816 \text{ J} \approx 2.1 \times 10^{10} \text{ J}$$

$$\Delta E_{1\,kg铀235} = 8.4 \times 10^{13} \text{J} \times \left(\frac{Q_{1吨煤}}{2.1 \times 10^{10} \text{J}} \right) = 4000 \, Q_{1吨煤}$$

即 1 kg 铀 235 全部裂变释放的能量相当于燃烧 4000 吨标准煤产生的热量。

(3) 1 吨 TNT 炸药爆炸产生的能量约为 4.2×10^9 J，从而有

$$\Delta E_{1\,kg铀235} = 8.4 \times 10^{13} \text{J} \times \left(\frac{E_{1吨TNT}}{4.2 \times 10^9 \text{J}} \right) = 20\,000 \, E_{1吨TNT}$$

即 1 kg 铀 235 全部裂变释放的能量相当于 2 万吨 TNT 炸药爆炸产生的能量。

思考题 12 - 6 1945 年 8 月 6 日和 9 日，美国在日本投放了两颗原子弹。投在广岛的代号"小男孩"，枪式结构；长崎的代号"胖子"，内爆式结构（见图 12 - 23）。试查阅资料，考察：

(1) 两种结构原子弹的不同特点，爆炸威力及核装药利用率；

(2) 原子弹的杀伤破坏方式。

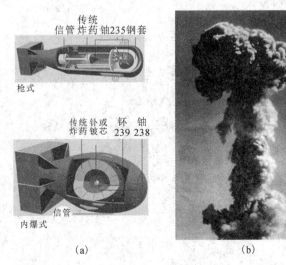

图 12 - 23 原子弹两种结构及爆炸产生的蘑菇云

思考题 12 - 7　图 12 - 24 为核电站的工作示意图,试说明:

(1) 核电站与普通电站的异同之处及核电站核心部位的工作原理;

(2) 核裂变反应有哪些潜在的危险因素?

(3) 为保护自然环境和生命健康,避免核事故的发生,核电站需要设置哪些安全防护措施?

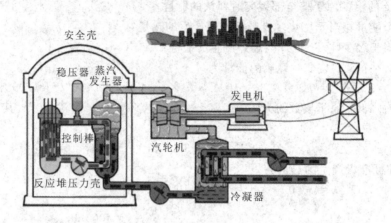

图 12 - 24　核电站工作示意图

3. 轻核聚变

较轻的原子核结合成较重的原子核称作聚变。由图 12 - 21 的核子平均结合能曲线同样可以推知,轻核聚变也可以释放出巨大的能量。例如,图 12 - 25 所示的氘氚聚变反应如下:

$$_1^2H + _1^3H \rightarrow _2^4He + _0^1n$$

反应物中,氘核的结合能约为 $2 \times 1.1 = 2.2$ MeV,氚核的结合能约为 $3 \times 2.8 = 8.4$ MeV,因此将氘核和氚核拆开成自由核子共需提供 10.6 MeV 的能量。5 个自由核子中,有 4 个聚合成氦核,可以释放出 $4 \times 7.05 = 28.2$ MeV 的能量。因此,该聚变反应可以净放出约 17.6 MeV 的能量。

图 12 - 25　氘氚聚变反应

核聚变依赖的作用力是核力,但核力是一种短程力,只有当两个轻核相互接近达到约

3 fm(1 fm＝10⁻¹⁵ m)以后，核力才会发挥作用，使两个原子核聚合到一起，释放出可观的能量。由于轻核之间的库仑力会阻止彼此的深度靠近，聚变反应需要提供极高的压力和温度条件，以使核具备足够的动能克服静电斥力促成聚合，因此聚变反应(也称热核反应)实现起来要比裂变反应困难得多。

利用原子弹爆炸的能量，点燃氘、氚等产生的轻核聚变反应，瞬间释放巨大能量的核武器叫作氢弹(也叫热核弹，见图 12-26)。氢弹的爆炸威力要比原子弹大得多。1954 年，美国第一颗实用型氢弹试验成功，TNT 当量高达 1500 万吨。

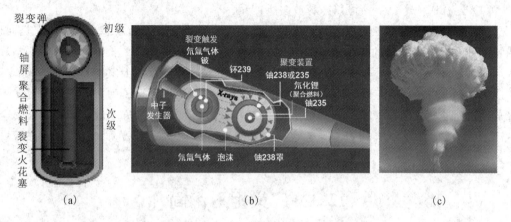

图 12-26 氢弹的两种结构及爆炸产生的蘑菇云

受控热核聚变能源是最寄予期望的新型核能源发展方向。目前处于试验、研究阶段的热核聚变能源项目有托卡马克磁约束受控核聚变、激光诱导惯性约束受控核聚变(见图 12-27)等。与裂变能源相比，聚变能源有诸多优点。例如，聚变的燃料(氢的同位素氘)在海水中提取，可以说是取之不尽，用之不竭的。又如，聚变反应中生成的氦核已经是稳定核，不产生放射性污染。如果反应物中再用氦 3 取代具有放射性的氚核(见图 12-28)，则整个反应的放射性就很少了。

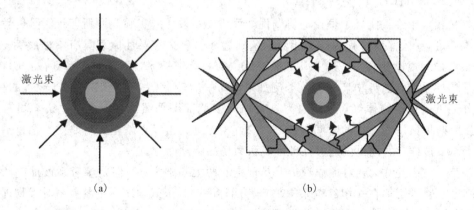

图 12-27 激光诱导惯性约束核聚变两种方式

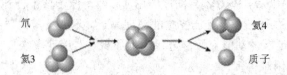

图 12 - 28　氘氦 3 聚变反应

思考题 12 - 8　图 12 - 28 为氘氦 3 核聚变反应。试估算:

(1) 聚合成一个氦 4 核可以净释放多少能量?

(2) 1 kg 的氘氦 3 配对原子核,按图示方式完全聚变,可以释放多少能量? 它是同样质量的铀 235 裂变能量的多少倍?

思考题 12 - 9　查阅资料,概述太阳内发生着的轻核聚变反应及其能量释放情况。

思考题 12 - 10　1964 年 10 月 16 日中国成功爆炸了第一颗原子弹,1967 年 6 月 17 日又成功进行了首次氢弹试验。两弹的成功研制和试爆,为夯实国防力量,维护国家安全,做出了巨大的贡献。试查阅资料,考察这两颗核弹在引爆方式和爆炸威力等方面的不同之处。

*12.3　广义相对论简介

12.3.1　广义相对论基本原理

爱因斯坦 1915 年建立的广义相对论是对狭义相对论的深入和推广。与狭义相对论相比,广义相对论拓展了参考系的平等平台,引入了弯曲时空的全新概念,采取了几何化的途径研究引力问题。广义相对论已经成为当今宇宙学研究的理论基石。类似于狭义相对论,广义相对论也是从两条基本原理出发构建理论体系的。

1. 广义相对性原理

狭义相对论不仅实现了理论的协调性,而且被一系列的实验观测所印证。但是爱因斯坦并不满足,在他看来,作为狭义相对论基础之一的狭义相对性原理具有不彻底性。一切惯性系对物理规律等价——这里取得平等地位的只有惯性系,而非惯性系则被排除在外。但是非惯性系在自然界中广泛存在,例如,转动中的转盘,一边公转一边自转着的行星,引力作用下的运动物体等,这些因为具有加速度就都不是惯性系。在建立狭义相对论之后,爱因斯坦又用约十年的时间构建了广义相对论,其出发点就是要将非惯性系也纳入平等的行列,这样自然地也就能够处理涉及引力场的物理问题。

在广义相对论中,相对性原理仍旧是理论的两大基础之一,但是参考系被推广到了所有的种类:物理定律在一切参考系中都具有同样的数学形式,即一切参考系对于物理规律都是等价的——这就是广义相对性原理。

2. 等效原理

关于引力,爱因斯坦有一个著名的升降机思想实验。静置于引力场中的箱子内有一观测者(见图 12 - 29(a)),当他手中放开一个苹果时,将观察到苹果以引力加速度 g 下落,其遵循的物理规律为：$F = m_{引} g$。另一方面，如果箱子处在一个无引力场的空间中（见图 12 - 29 (b)），当箱子以与 g 等值反向的加速度 a 上升时，箱子内的观测者也放开一个苹果，他将观察到苹果以完全同样的方式下落，会认为苹果也受到一个向下的力的作用，符合同样数学形式的物理规律：$F = m_{惯} a$。在这两个事件中，有

$$m_{引} g = m_{惯} a \qquad (12 - 43)$$

(a) (b)

图 12 - 29 爱因斯坦升降机思想实验

实际上，对于苹果加速下落是引力所致，还是箱子加速上升所致，箱子内的观测者是无法区分的。由此可以达成两点认识：

（1）物体的引力质量等于惯性质量；

（2）引力场的作用与一个反向的加速参考系的作用等效——这就是广义相对论的等效原理。

等效原理使得引力问题可以化为加速系问题来处理，即引力可以不看作一种力，而看作一种时空的效应，也就是说，引力可以几何化。

12.3.2 广义相对论时空观

1. 弯曲时空

如图 12 - 30 所示，在无引力场的自由空间中，对于一束水平射出的光，我们将观察到它沿原方向直线行进。但是这束光在加速上升的火箭舱中的人看来，走的是弯曲的路径。根据等效原理可知，光在引力场中也会发生这样的弯曲。然而，广义相对论对其的描述并非引力场中的光弯曲了，而是光所处的时空弯曲了，光在弯曲的时空里走的是短程线——从路径最短的定义来说也就是"直线"。

至于时空弯曲的原因，广义相对论将其归结为质量物质，即质量物质使周围的时空发生了弯曲。这种弯曲在普通的情况下微乎其微，但是在大质量的天体附近会有可观的效应。1919 年，由爱丁顿和戴森带领的两支考察队在日全食的条件下，观察到了太阳引力场所致的星光弯曲，与爱因斯坦的理论预期一致，图 12 - 31 是其示意图。

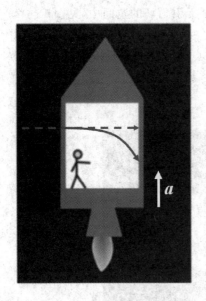 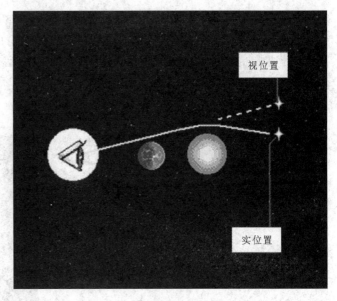

图 12-30　加速参考系中的"光线弯曲"　　　　图 12-31　星光在太阳引力场中的弯曲

物质与时空的关系集中体现在爱因斯坦引力场方程中：

$$R_{\mu\nu} - \frac{1}{2} g_{\mu\nu} R = \frac{8\pi G}{c^4} T_{\mu\nu}$$

(12-44)

式中：等号左边为时空度规，等号右边为物质的能量动量张量。这也就是说，时空不是孤立的，而是和物质紧密联系在一起的。通俗地说，就是："物质告诉时空如何弯曲，时空告诉物质如何运动。"

广义相对论对物质在引力场中的运动给出了全新的描述，在这里，苹果下落和行星公转等，不再看作是力作用的结果，而是物质在弯曲时空中的自然行为(见图 12-32)。

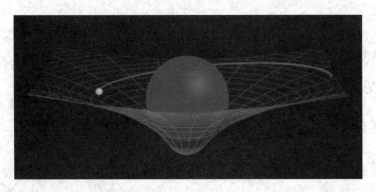

图 12-32　物质在弯曲时空中的运动

2. 尺缩、钟慢效应

弯曲时空的数学工具是黎曼几何、张量分析等，但我们也可以运用已经学到的知识，采取简单直观的方式，来理解引力场中的时空效应。

如图 12-33 所示，在离星体中心无限远的地方，引力场的作用为零，有三把完全一样的尺子 A、B、C 沿径向放置，其中尺 B 留在原处，尺 C 挪到 r 处，这两把尺子分别是所在位置的本地尺。现在，让尺 A 从无限远处开始，向引力中心自由下落，这把尺子就是带着无限远处的"标准"去引力场各处"巡视"的样板尺。显然，在无限远处，样板尺 A 与本地尺 B 是一致的。当样板尺 A 自由下落到 r 处时，它具有向下的速度 v 和加速度 g；另一方面，由于它处在引力场中，根据等效原理，可以视作它不受引力但处在一个反向的加速参考系中，这个反向的(向上的)加速度 g 正好与向下的加速度 g 相抵消，因而可以把它看作 r 处的一个无引力、无加速度的局域惯性系。从这个局域惯性系观测，该局域处的本地尺 C 有一个向上的瞬时速度 v。设尺 C 的径向固有长度为 $\mathrm{d}l_0$，则由狭义相对论及一个被实验证实的假设(尺或钟的性状只与速度有关，与加速度无关)可知，本地尺 C 被样板尺 A 测得的长度为

$$\mathrm{d}l = \sqrt{1 - \frac{v^2}{c^2}} \, \mathrm{d}l_0 \tag{12-45}$$

上述结果表明，引力场具有长度收缩效应。引力场越强的地方，径向长度收缩越明显，此即引力场的尺缩效应。

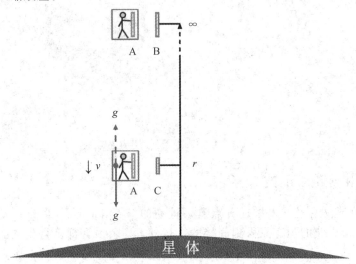

图 12-33 引力场中的尺缩效应

如果将图 12-33 中的三把尺子换成三个在无限远处完全一样的时钟，那么用完全类似的方法可以得出引力场的钟慢效应：

$$\mathrm{d}\tau = \frac{\mathrm{d}\tau_0}{\sqrt{1 - \frac{v^2}{c^2}}} \tag{12-46}$$

式中：$\mathrm{d}\tau_0$ 为静置于引力场中某处的本地钟测得的固有时间，$\mathrm{d}\tau$ 为用"巡视"到该处的样板钟测得的相应时长。式(12-46)表明，引力场具有时间膨胀效应。引力场越强的地方，时间走得越慢。这一相对于样板钟的本地钟时间变慢效应，即使是在地球空间这样较弱的引力场中也有所显现。试验发现，飞机上的原子钟比地面上同样的钟稍微快一点。GPS 全球定位系统需要据此对时间进行精细调整，以避免引力钟慢效应产生时间误差。

思考题 12-11 星光从太阳附近经过会发生弯曲，与原入射方向相比，偏转了一个角度 $\Delta\theta$。用万有引力也可推出星光会偏转一个角度，爱因斯坦早期的文章从等效原理出发，考虑了引力场的钟慢效应，所得结果一样。后来根据完整的广义相对论计算，偏转角度是

原先的 2 倍,且与实际观测结果一致。试分析早期理论的问题所在。

　　思考题 12-12　传说的"山中一日,世上千年",若用广义相对论引力理论来考察,又可做怎样的联想?

　　思考题 12-13　1911 年,法国物理学家朗之万用"双生子佯谬"来质疑狭义相对论的时间膨胀效应(见图 12-34)。试查阅资料,了解该佯谬的内容,并探讨其实质。

(a) 出发・送别

(b) 返回・重逢(一)

(c) 返回・重逢(二)

图 12-34　"双生子佯谬"示意图

12.3.3　广义相对论观测技术

　　广义相对论不仅给出了水星近日点剩余进动的解释,而且还给出了一系列重要的预言。目前,除了引力波的预言只得到间接的支持外,其余预言都已得到证实。这些解释和预言的成功不但验证了广义相对论,而且也因此发展起一些特殊的时空观测技术。

　　1. 近日点进动

　　根据开普勒行星运动定律,水星绕太阳做椭圆轨道运动。实际的天文观测发现,水星的椭圆轨道有一个微小的进动(见图 12-35),每一百年水星近日点的总进动角为 $5601''$,其中有 $5557.62''$ 可由太阳转动及其他行星的干扰等牛顿力学的高阶修正得到说明,余下约 $43''$ 则长期找不到合理的解释。

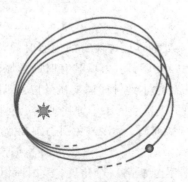

图 12-35　水星近日点的进动

1915 年，爱因斯坦用刚建立的广义相对论推得，行星每公转一周，由时空弯曲效应引起的近日点进动角为

$$\Delta\varphi = \frac{6\pi GM}{c^2 a (1-e^2)} \qquad (12-47)$$

式中：G 为万有引力常量，c 为光速，M 为太阳质量，a、e 为椭圆轨道的半长轴和偏心率。将太阳和水星的数据代入，计算得到水星近日点的进动角恰好是每百年 43″。这一惊人的成功，令爱因斯坦"有好些天，高兴得不知怎样才好。"

进一步考察太阳系中其他行星的轨道运动，发现它们的近日点额外进动角都与广义相对论的预言值基本一致。

依据式(12-47)，我们可以通过观测遥远星体轨道运动的进动情况，推算星体的质量等参数。20 世纪 70 年代，泰勒和赫尔斯通过对射电脉冲星 PSR1913+16 轨道周期衰减的观测，获得了引力波存在的间接证据，其中对双星质量的计算用到了轨道运动的相对论进动关系式。

2. 引力红移

引力红移是指引力场中发射出来的光谱线，在远离引力场的地方观测，波长会变长一些(见图 12-36)，这实际上是引力钟慢效应的体现。在静态球对称引力场中，一个光信号在 r 处的周期为 $d\tau_0$，在无限远处观测，周期变为 $d\tau$，两者的关系类似于式(12-46)。由于频率为周期的倒数，可得

$$\nu = \nu_0 \sqrt{1 - \frac{2GM}{rc^2}} \qquad (12-48)$$

即相较于原频率 ν_0，在无限远处测得的频率 ν 变小(波长变长)了。

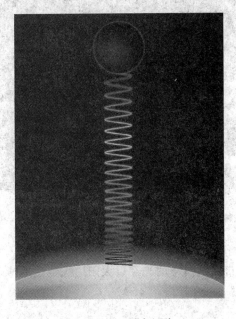

图 12-36　引力红移

对于弱引力场，红移量为

$$z = \frac{\nu_0 - \nu}{\nu} = \frac{1}{\sqrt{1 - \frac{2GM}{rc^2}}} - 1 \approx \frac{GM}{rc^2} \tag{12-49}$$

20 世纪 60 年代,庞德等人利用穆斯堡尔效应,测量地面上高度相差 22.6 m 的两点之间的谱线频移,得到的结果为 10^{-15} 量级,与理论预言一致。

对于大质量的致密天体,如中子星、黑洞等,其红移量相当可观,特别是在黑洞视界处($r = 2GM/c^2$),引力红移达到了无限大。

3. 回波延迟

广义相对论预言,由于大质量天体引起周围时空弯曲,雷达(或光)信号往返于行星和地球之间,较之于平直时空中会有一个时间延迟——这个效应称作雷达回波延迟。如图 12-37所示,从地球发出的雷达波经弯曲路径,擦过太阳边缘去往行星并返回地球,所需的时间比没有太阳存在径直往返的时间要多花:

$$\Delta t \approx \frac{4GM_日}{c^3}\left(1 + \ln\frac{4r_地^2 r_行^2}{R_日^2}\right) \tag{12-50}$$

式中:$M_日$、$R_日$ 为太阳的质量和半径,$r_地$、$r_行$ 为地球和行星到太阳中心的距离。

对于水星来说,这个回波延迟时间约为 240 μs。20 世纪六七十年代,人们对水星、金星乃至人造卫星做了雷达回波观测实验,结果与广义相对论的预言值基本一致。1977—1978 年,NASA(美国宇航局)通过在火星上放置应答器,用光波信号测量了地球与火星之间的回波延迟,结果以 1.000±0.002 的符合度与理论值吻合。

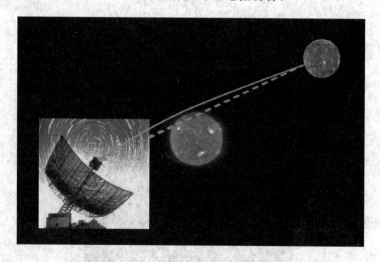

图 12-37 雷达回波延迟

4. 引力透镜

根据广义相对论,来自遥远星空的光经过太阳边缘到达地球,光线将偏折一个角度:

$$\Delta\theta \approx \frac{4GM_日}{R_日 c^2} = 1.75'' \tag{12-51}$$

我们可以从引力场的时间膨胀和长度缩短效应对光线的上述偏转做一个简单的理解。在距静态球对称引力场中心 r 处,光的本地速度为 $c_0 = \mathrm{d}l_0/\mathrm{d}\tau_0 = c$。对于无限远处的观测

者来说，这个速度在径向上为

$$c' = \frac{\mathrm{d}l}{\mathrm{d}\tau} = \frac{\mathrm{d}l_0\sqrt{1-\dfrac{2GM}{rc^2}}}{\mathrm{d}\tau_0 / \sqrt{1-\dfrac{2GM}{rc^2}}} = c\left(1-\frac{2GM}{rc^2}\right) \tag{12-52}$$

　　这就是说，光在引力场中的速度比在没有引力场的空间中的速度减小了（相当于一个大于 1 的折射率）。因此，光波在引力场中传播，波前会相应地改变方向，即发生折射，这就意味着引力场可以像透镜那样构建成像系统。例如，在图 12-31 的情形中，太阳是引力透镜的"透镜天体"，太阳背后的亮星是"物"，观测到的亮点是"像"。

　　早在 20 世纪一二十年代，爱因斯坦、爱丁顿、Chwolson 就先后对引力透镜做过探讨。但由于太阳引力场太弱，加上日冕层对观测的影响等不利因素，其引力透镜显著成像难以指望。直到 1979 年，由于望远镜技术的进步，人们才首次在深空中发现了引力透镜所成的双像。之后，越来越多的引力透镜像被找到，图 12-38 为观测到的几种引力透镜像。

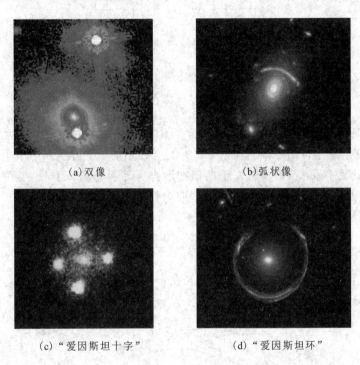

(a) 双像　　　　　　　　　　(b) 弧状像

(c) "爱因斯坦十字"　　　　　　(d) "爱因斯坦环"

图 12-38　观测到的几种引力透镜像

　　引力透镜相当于一个天然的宇宙望远镜，它把遥远的、暗弱的甚至被完全遮挡的天体以增亮、扭曲或多重的方式呈现。今天，引力透镜已经成为天体物理学和宇宙学的重要观测分析工具。利用引力透镜，人们可以获知透镜天体（致密星、星系、星系团等大质量物质）的质量及其分布，探索宇宙中暗物质的奥秘，研究宇宙大尺度时空结构等。

5. 引力波

　　根据广义相对论，物质决定了时空的构造，物质的运动将对周围时空产生扰动，这种扰动以波的形式向外传播，构成引力波，其存在与否是对广义相对论的一个重要检验。

由于引力波引起的效应极其微弱，迄今为止尚没有探测到直接的引力波信号。一个间接的证据是，双星的绕转运动轨道周期会逐年减小，它被解释为因引力辐射损失能量引起，其理论预期值与观测结果有较好的符合。图 12－39 为脉冲星 PSR1913＋16 的轨道周期衰减观测数据与广义相对论计算曲线的比较。

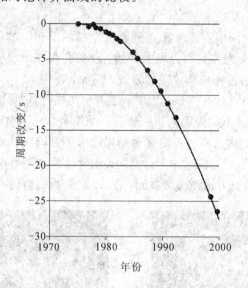

图 12－39　脉冲星 PSR1913＋16 的轨道周期衰减

引力波的探测对物理学、天文学和宇宙学具有十分重要的意义。引力波探测一旦成功，将开启研究浩瀚宇宙的一个新窗口，成为继电磁辐射、宇宙线和中微子探测后探索宇宙奥秘的又一重要手段。目前最被寄予期望的激光干涉引力波探测仪(见图 12－40，其中每对测试质量构成一个谐振腔，激光在谐振腔内往返多次，相当于增加了干涉臂的有效长度)能够探测到的最小引力波强度为

$$h_{\min} = \frac{\lambda}{LB\sqrt{N}} \qquad (12-53)$$

式中：λ 为激光波长，L 为谐振腔长，B 为光在谐振腔内往返的平均次数，N 为一个引力波周期内到达分束器的光子数目。

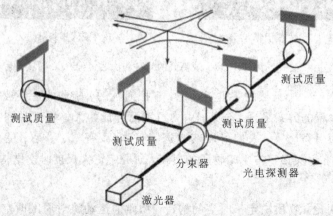

图 12－40　激光干涉引力波探测仪原理图

图 12-41 为两个大型引力波探测工程项目，其中 LIGO(激光干涉引力波观测站)建造在相距 3000 km 的华盛顿州和路易斯安那州两个地方，干涉仪臂长达 4000 m，可以 $10^{-21} \sim 10^{-23}$ 的灵敏度搜索引力波信号。LISA(激光干涉空间天线)由三颗绕太阳公转的卫星组成，用以在太空中探测地面上无法探测到的低频引力波信号。三颗卫星排列成一个边长为 5 000 000 km 的等边三角形，相互进行激光干涉测距。由于太空中基本处于真空态，温度接近 0 K，而且没有地球上存在的震动噪声，预计 LISA 能以极高的信噪比聆听来自宇宙深处的时空呢喃。

Hanford, Washington   Livingston, Louisiana

(a) LIGO

(b) LISA(太空)

图 12-41 大型引力波探测工程

思考题 12-14 对于地球引力场的频移效应：

(1) 结合下章将要学习的能量子概念，尝试从能量变化的角度，考察光在地面上高度相差 h 的两个位置上观测的频率差异；

(2) 计算庞德实验($h=22.6$ m)中的谱线红移量；

(3) 若用式(12-48)、式(12-49)的方法推算，结果又如何？

思考题 12-15 引力红移与多普勒红移的区别是什么？试查阅资料，了解哈勃红移的物理意义。

思考题 12-16 出于宇宙稳恒的考虑，爱因斯坦在其场方程中加入了宇宙项。后来由于哈勃等人观测到一个膨胀的宇宙，爱因斯坦最终放弃了这一修改，并认为这是他"一生中所犯的最大的错误"。但最新的观测发现，宇宙目前居然处于加速膨胀之中。这一发现表明，宇宙项是不可或缺的，它暗示一种可能与真空能量相联系的宇宙暗能量的存在。试查阅资料，了解相关的知识内容及相应的观测技术。

第13章　量子物理

　　量子物理开启了微观世界的大门。探索世界的终极本原,窥视宇宙的基本架构,量子物理肩负着哲学和科学的双重使命,与相对论一起构成了现代物理的两大基石。量子物理深刻改变了人们对物质及其运动的直观认识。波粒二象性、不确定性、量子态的叠加性、纠缠性等展示了物质世界本质意义上的神秘、迷蒙和美丽(见图13-1)。量子物理带给我们的不仅是理论上的震惊,更是技术上的叹服。精密科技、光电技术、信息技术等众多的现代高新技术诞生于量子理论的应用和发展。本章概述量子物理的基本原理,探讨量子理论引发的关于实在世界的新观念,简要介绍由量子物理发展起来的若干现代技术,如精细观测仪器、半导体光电器件、量子信息科技等。

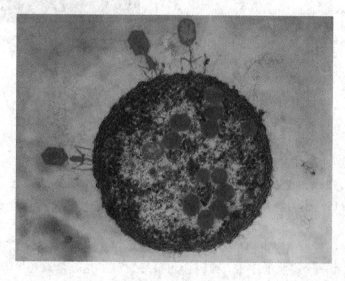

图 13-1　量子纠缠

13.1　量子物理基本原理

13.1.1　波粒二象原理

1. 光的波粒二象性

　　早在牛顿和惠更斯时代,光就有微粒和波动的本性之争。光的干涉、衍射等事实,菲涅耳光的波动理论,以及测量发现光在介质中传播的速度小于真空中的速度等,确立了光的波动说的地位。麦克斯韦的电磁理论以及赫兹的实验验证表明,光其实就是一种电磁波。但是随着20世纪的到来,光的本性问题再一次受到审视。以下从黑体辐射、光电效应、氢原子光谱三个内容阐述光的粒子性，进一步指出光的波粒二象性质。

1）黑体辐射

19 世纪末，在工业发展的背景下，人们对黑体辐射进行了实验研究。所谓黑体，是指在任何温度下都能将任何波长的外来电磁波完全吸收的物体。这种理想的物体在自然界中并不存在，实验室中可以用一个开在空腔上的小孔来模拟。如图 13 - 2(a) 所示，不论什么波长的电磁波，一旦由小孔进入空腔，就很难再从小孔出来，因而小孔可以作为一个近似的黑体。另一方面，在任何温度下，物体的分子、原子都会因为热激发而发射电磁辐射，这种现象叫作热辐射，这样从空腔小孔出来的热辐射就可以作为黑体辐射来研究。图 13 - 2(b) 展示了黑体辐射的一条实验曲线。从图中可以看出，在短波段和长波段，黑体的单色辐出度（热力学温度为 T 的黑体单位面积上、单位时间里、单位波长范围内辐射的电磁波能量）都趋向于零。

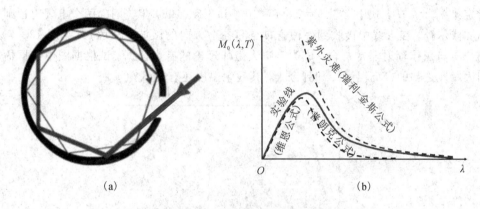

图 13 - 2　黑体及黑体辐射曲线

理论上，黑体空腔壁的分子或原子可以看作带电的线性谐振子，这些谐振子会发射和吸收电磁波。1893 年，维恩假设黑体辐射能谱分布与麦克斯韦分子速率分布类似，提出：

$$M_0(\lambda，T) = C_1 \lambda^{-5} e^{-\frac{C_2/\lambda}{T}} \tag{13-1}$$

式中：C_1、C_2 为两个常量。维恩公式与实验曲线在短波段符合得很好，在长波段相差较大。

1900 年，瑞利和金斯参照经典统计中的能量按自由度均分定理，认为每个线性谐振子的平均能量都等于 kT（玻尔兹曼常量 $k = 1.38 \times 10^{-23}$ J/K），得到

$$M_0(\lambda，T) = C_3 \lambda^{-4} T \tag{13-2}$$

式中：C_3 为常量。瑞利-金斯公式在长波段与实验曲线比较接近，在短波段则出现严重问题——波长逼近于零，单色辐出度趋向于无穷大。这就是黑体辐射理论的“紫外灾难”。历史上，它与迈克尔逊-莫雷实验得到的“以太漂移零结果”一起，并称为物理学晴朗天空中两朵令人不安的乌云。

为了解决黑体辐射的理论困难，1900 年普朗克假设谐振子的能量并不像经典物理所认为的可以具有任意连续变化值，而应该是一系列的分立值 ε，2ε，3ε，…，$n\varepsilon$，…。这里 n 为正整数，称作量子数，ε 为能量子，且

$$\varepsilon = h\nu \tag{13-3}$$

式中：$\nu = c/\lambda$ 为谐振子的频率，h 为普朗克常量，即

$$h \approx 6.626 \times 10^{-34} \text{ J} \cdot \text{s} \tag{13-4}$$

若谐振子能量遵循玻尔兹曼分布律，则谐振子平均能量为

$$\bar{\varepsilon} = \frac{\sum_{n=0}^{\infty} n\varepsilon \, e^{-\frac{n\varepsilon}{kT}}}{\sum_{n=0}^{\infty} e^{-\frac{n\varepsilon}{kT}}} = \frac{h\nu}{e^{\frac{h\nu}{kT}} - 1} \tag{13-5}$$

由此得到与实验曲线符合得很好的普朗克黑体辐射公式：

$$M_0(\lambda, T) = 2\pi h c^2 \lambda^{-5} \frac{1}{e^{\frac{hc/\lambda}{kT}} - 1} \tag{13-6}$$

思考题 13-1　如何由普朗克提出的谐振子平均能量公式(13-5)，领会维恩公式与瑞利-金斯公式分别在短波段和长波段与黑体辐射实验曲线的相符性？

思考题 13-2　由普朗克公式可以求得黑体单色辐出度的峰值所对应的波长满足维恩位移定律 $\lambda_m = b/T$，式中常量 $b = 2.898 \times 10^{-3}$ m·K。1964 年美国的两个电气工程师彭齐亚斯和威尔孙，在天线中接收到一种遍布空间各个方向的微波背景噪声(见图 13-3)，其能谱分布与黑体辐射非常符合，成为宇宙大爆炸理论的有力证据。试根据图中数据估算宇宙由大爆炸之初的极高温度冷却到今天，其残余温度还有几 K？

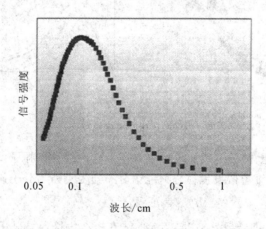

图 13-3　宇宙微波背景辐射

2）光电效应

普朗克的黑体辐射研究表明，若要得到与实验一致的结果，能量必须取一系列的分立值，这种能量的不连续变化叫作能量的量子化。量子化的概念与经典理论格格不入，就在普朗克等人还在为经典物理的这一硬伤心感不安，试图设法拯救时，1905 年爱因斯坦将普朗克的能量子概念成功地应用到了光电效应的研究中。

光电效应是指在光照射下，电子从金属表面逸出的现象，逸出的电子叫作光电子。如图 13-4(a)所示，从金属极板逸出的光电子具有某一初动能，若用反向电场加以遏止，使得最大速度的光电子刚好不能到达另一极板，电路中就没有电流，这时施加的反向电势差叫作遏止电势差 U_a。实验表明，在不施加遏止电势差的情况下，对于某一金属，只要入射光频率低于某一值 ν_0，无论入射光的强度有多大，电路中也没有电流；而如果入射光的频率大于 ν_0，则不论入射光的强度如何，金属板上立即就有光电子逸出。这个临界频率 ν_0 叫

作光电效应的红限（截止频率）。不同金属的截止频率不同，但遏止电势差与入射光频率都呈相似的线性关系。图 13 - 4(b) 为铯、钠、锌三种金属材料的 U_a-ν 线性关系图，三条线具有相同的斜率。

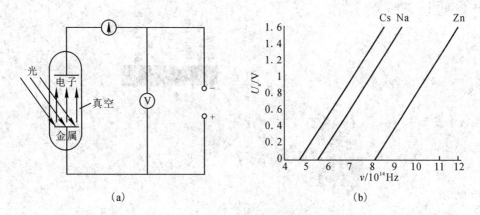

(a)　　　　　　　　　　　　　　　(b)

图 13 - 4　光电效应

光电效应的上述实验结果无法用光的波动性解释。光作为电磁波，其强度正比于振幅的平方。但实验显示，光电效应能否发生，取决于入射光的频率而不是振幅。1905 年，爱因斯坦指出，可以用光量子的概念来解释这一现象。一个光子入射到金属板，其能量 $h\nu$ 被单个电子吸收，电子获得的这份能量，一部分用来克服金属的束缚做功（逸出功 A），一部分成为其逸出金属后的初动能。对于那些具有最大初动能的光电子，有

$$h\nu = \frac{1}{2}mv_m^2 + A \qquad (13-7)$$

此即爱因斯坦光电效应方程。当入射光频率为红限时，有

$$h\nu_0 = A \qquad (13-8)$$

遏止电势差做负功，使得具有最大初动能的光电子速度降到零，有

$$eU_a = \frac{1}{2}mv_m^2 \qquad (13-9)$$

联合以上三式，得到遏止电势差与入射光频率的关系：

$$U_a = \frac{h}{e}\nu - \frac{A}{e} \qquad (13-10)$$

或

$$U_a = \frac{h}{e}(\nu - \nu_0) \qquad (13-11)$$

这种关系与图 13 - 4(b) 的结果是一致的。

思考题 13 - 3　试由图 13 - 4(b) 展示的遏止电势差 U_a 与入射光频率 ν 的关系，计算普朗克常量 h 的值。

3）氢原子光谱

19 世纪 80 年代初，随着光谱学的发展，积累起了一批光谱实验观测数据。1884 年，瑞士的一位中学数学老师巴耳末报告，氢原子的谱线波长符合公式：

$$\lambda = b \frac{n^2}{n^2 - k^2} \qquad (13-12)$$

式中：n、k 为整数，b 为待定系数。例如，对于图 13-5 所示氢原子的四条可见光谱线，$k=2$，$b=364.6$ nm。

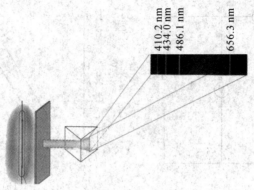

图 13-5 氢原子光谱的巴耳末系

取 $R = k^2/b$，巴耳末公式可以改写为里德伯方程：

$$\frac{1}{\lambda} = R \left(\frac{1}{k^2} - \frac{1}{n^2} \right) \qquad (13-13)$$

式中：$R = 1.097 \times 10^7 \text{ m}^{-1}$ 为里德伯常量，整数 $n = k+1, k+2, \cdots, k$ 取不同的整数，对应不同的谱系。例如，$k=1$，$n=2,3,4,5,\cdots$ 为赖曼系(紫外区)；$k=2$，$n=3,4,5,6,\cdots$ 为巴耳末系(可见光区)；$k=3$，$n=4,5,6,7,\cdots$ 为帕邢系(红外区)；等等(见图 13-6)。

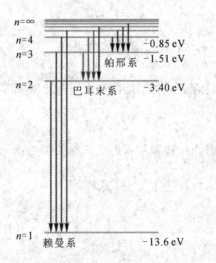

图 13-6 氢原子能级及光谱系

氢原子光谱的上述规律背后的物理本质是什么？1913 年，玻尔将卢瑟福的原子模型、普朗克的能量子假设、爱因斯坦的光量子思想结合起来，从三个假设出发，建立了原子结构理论，既克服了原子稳定性的困难，也成功地解释了氢原子的光谱公式。这三个假设如下：

(1) 定态假设：原子存在一系列不连续的稳定态。在这些态上，电子虽然绕核运动，但不辐射电磁波。

(2) 跃迁假设：原子在两个定态之间跃迁，才产生或吸收电磁辐射。若两定态量子数为 n、k（整数），则电磁辐射能量满足：

$$h\nu = E_n - E_k \tag{13-14}$$

(3) 角动量量子化假设：原子处于定态时，其电子绕核运动的角动量满足

$$L = n\hbar \tag{13-15}$$

式中：$\hbar = h/(2\pi)$ 为约化普朗克常量。

考虑氢原子的情形，假定电子绕质子做圆周运动，则电子所受的库仑力提供圆周运动的向心力，又设电子轨道半径无限大时，原子能量为零，可以推得氢原子半径为

$$r_n = n^2 \left(\frac{\varepsilon_0 h^2}{\pi m e^2} \right) = n^2 r_1 \tag{13-16}$$

式中：$r_1 = 0.529 \times 10^{-10}$ m，是氢原子电子的第一轨道半径，也就是氢原子处于第一能态（$n=1$，基态）时的半径，称作玻尔半径，其能量为

$$E_n = -\frac{1}{n^2} \left(\frac{m e^4}{8\varepsilon_0^2 h^2} \right) = -\frac{13.6 \text{ eV}}{n^2} = \frac{E_1}{n^2} \tag{13-17}$$

式中：$E_1 = -13.6$ eV，是氢原子的基态能量。量子数 $n>1$ 的态称作激发态。图 13-6 展示了氢原子的能级分布。量子数 n 越大，能级能量越高。氢原子在 n、k 能级间跃迁时，发射（$n>k$）的光波波长倒数为

$$\frac{1}{\lambda} = \frac{m e^4}{8\varepsilon_0^2 h^3 c} \left(\frac{1}{k^2} - \frac{1}{n^2} \right) \tag{13-18}$$

上式与里德伯方程在形式上完全一致，且有

$$\frac{m e^4}{8\varepsilon_0^2 h^3 c} = 1.097 \times 10^7 \text{ m}^{-1} = R \tag{13-19}$$

这样，玻尔就从理论上很好地解释了氢原子的光谱规律。

上述关于黑体辐射、光电效应、氢原子光谱问题的阐述表明，光（或电磁波）的能量不是分散的，而是一份一份地以能量子的形式出现的，即光具有粒子性。这正是爱因斯坦 1905 年光量子思想的要点。1909 年，爱因斯坦进一步讨论辐射问题，认为"理论物理学发展的下一阶段将给我们带来一个光的理论，这个理论可以解释为波动理论与粒子理论的融合"，"不要把波动结构和量子结构……看成是互不相容的"。这样，爱因斯坦就第一次提出了光的波粒二象性概念。表 13-1 列出了描述光的波动性和粒子性的特征参量及相互关系。

表 13-1 光的波粒二象性描述参量及关系

性 质	特征参量		关 系
波动性	频率 ν	波长 λ	$E = h\nu$
粒子性	能量 E	动量 p	$p = h/\lambda$

思考题 13-4 光的波粒二象性也很好地体现在康普顿效应的研究中。如图 13-7 所示，波长为 λ_0 的 X 射线光子入射到散射物质上，散射光中不但有原波长的光，还出现了波长偏移 $\Delta\lambda$ 的光，这种出射光波长发生偏移的散射叫作康普顿散射。实验发现，波长的偏移量与散射物质的材料无关，其大小取决于散射角 $\varphi(0 \sim \pi)$，φ 越大，$\Delta\lambda$ 也越大。由于 X 射

线光子的能量较大,可以将散射物中的电子近似看作自由电子。考虑光的粒子性,光子对电子的作用遵守动量和能量守恒。试根据能量守恒定律和动量守恒定律,并注意电子的相对论质量和相对论能量,证明:

$$\Delta\lambda = 2\left(\frac{h}{m_0 c}\right)\sin^2\frac{\varphi}{2} = 2\lambda_c\sin^2\frac{\varphi}{2} \tag{13-20}$$

式中:m_0 为电子的静止质量,$\lambda_c = 0.00243$ nm 为康普顿波长。

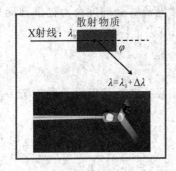
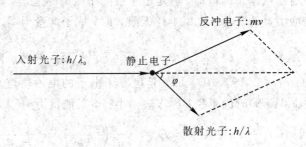

图 13-7 康普顿效应及其理论分析

思考题 13-5 基态氢原子获得 13.056 eV 能量后,可以被激发到哪个能级?氢原子从该能态跃迁到第二激发态,辐射出的光波波长是多少?属于什么光波区域?

思考题 13-6 设有大量处于 -0.85 eV 能态的氢原子向下能级跃迁,总共可以发射几种不同波长的光?它们各属于什么谱系?试画出能级跃迁图加以说明。

2. 实物粒子的波粒二象性

德布罗意将爱因斯坦光的波粒二象性思想做了大胆的推进。1923 年,德布罗意提出物质粒子也具有波粒二象性。他认为,运动的粒子总是伴随着一种相位波。今天我们称这种波为德布罗意波或物质波,其频率和波长公式与光的波粒二象性中的关系式一样,即

$$\nu = \frac{E}{h} \tag{13-21}$$

$$\lambda = \frac{h}{p} \tag{13-22}$$

德布罗意指出,原子中的电子"只有满足相位波谐振,才是稳定的轨道"。谐振的条件是"电子轨道的周长是相位波波长的整数倍"(见图 13-8),从而有

$$L = pr = \left(\frac{h}{\lambda}\right)\cdot\left(\frac{n\lambda}{2\pi}\right) = n\hbar \tag{13-23}$$

上式正好给出了玻尔原子结构理论中的角动量量子化条件。

德布罗意提议用电子在晶体上的衍射实验来观察电子的波动效应,这一效应很快在 1927 年被戴维森和汤姆生的电子衍射实验所证实,如图 13-9 所示。

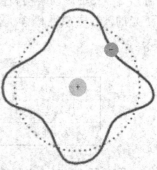

图 13-8 德布罗意的电子相位波设想

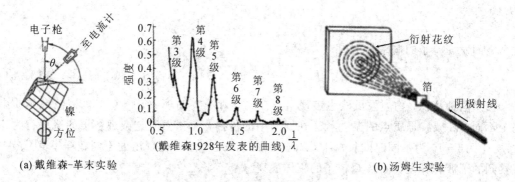

(a) 戴维森-革末实验　　　　　　　　　　　　　　(b) 汤姆生实验

图 13 - 9　电子衍射实验

综上所述，自然界的微观客体，无论是光还是实物粒子，都具有波粒二象性。我们将其概括为一般原理：波粒二象原理——微观物理对象具有波和粒子的双重性质。波动性用频率和波长描述，粒子性用能量和动量描述，两者通过式(13 - 21)和式(13 - 22)密切联系在一起。

3. 薛定谔波动方程

1925 年底，经过对德布罗意相位波的深入考察，薛定谔给出了物质波的波函数和波动方程。

光波的光矢量(电矢量)表达式为

$$\boldsymbol{E}(x,t)=\boldsymbol{E}_0\cos\left(2\pi\nu t-\frac{2\pi}{\lambda}x\right) \tag{13 - 24}$$

写成复指数形式就是

$$\boldsymbol{E}(x,t)=\boldsymbol{E}_0 e^{-i\left(2\pi\nu t-\frac{2\pi}{\lambda}x\right)} \tag{13 - 25}$$

类似地，物质波的态矢量可以用波函数描述为

$$\boldsymbol{\Psi}(x,t)=\boldsymbol{\Psi}_0 e^{-\frac{i}{\hbar}(Et-px)} \tag{13 - 26}$$

式中已经利用了波粒二象性关系式(13 - 21)和式(13 - 22)。

波函数满足波动方程

$$\left(\frac{(i\hbar\nabla)^2}{2m}+U\right)\Psi=i\hbar\frac{\partial}{\partial t}\Psi \tag{13 - 27}$$

称作薛定谔方程，它是反映微观粒子运动的基本方程，其一维形式如下：

$$\left(-\frac{\hbar^2}{2m}\frac{\partial^2}{\partial x^2}+U\right)\Psi(x,t)=i\hbar\frac{\partial}{\partial t}\Psi(x,t) \tag{13 - 28}$$

若势能 $U=U(x)$ 与时间无关，可得一维定态薛定谔方程：

$$-\frac{\hbar^2}{2m}\frac{\partial^2\Psi(x)}{\partial x^2}+U\Psi(x)=E\Psi(x) \tag{13 - 29}$$

式中：m、E 分别为粒子的质量和能量。

关于波函数的物理意义，人们对其有一个认识过程，且争论并没有完全停止。目前广泛接受的是哥本哈根学派的概率诠释，即波函数模的平方反映在空间某处发现粒子的概率密度：

$$|\varPsi|^2=\frac{dP}{dV} \tag{13-30}$$

在全空间发现粒子的概率为 1，即

$$P=\int_\infty |\varPsi|^2 dV=1 \tag{13-31}$$

　　按照这种认识，物质波虽然也表现出干涉、衍射等波动现象，但它与机械波在本质上完全不同。机械波是质点的振动状态在媒质中的传播，而物质波与微观粒子的概率行为相联系。图 13-10 为不同时间长短下，微观粒子的双缝干涉所呈现出的不同花样，表明最终观察到的干涉花样是大量微观粒子的集体表现。

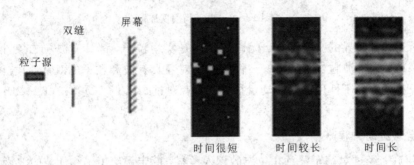

图 13-10　不同时间长短的双缝干涉花样比较

　　例题 13-1　设有一维无限深势阱(见图 13-11)：

$$U(x)=\begin{cases}0 & (0<x<a,\quad 阱内)\\ \infty & (x\leqslant0,\ x\geqslant a,\quad 阱外)\end{cases}$$

计算势阱中粒子的波函数、概率密度及能级。

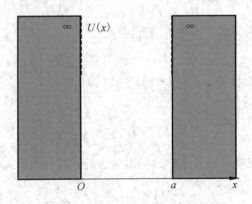

图 13-11　一维无限深势阱

　　解　势阱中粒子的波函数为

$$\varPsi(x,t)=\varPsi(x)e^{-\frac{i}{\hbar}Et}$$

对定态波函数 $\varPsi(x)$，有薛定谔方程：

$$-\frac{\hbar^2}{2m}\frac{\partial^2\varPsi(x)}{\partial x^2}+U\varPsi(x)=E\varPsi(x)$$

利用波函数的单值、连续、有限、归一性质，解得

$$\Psi(x)=\begin{cases}\sqrt{\dfrac{2}{a}}\sin\dfrac{n\pi}{a}x & (n=1,\,2,\,3,\,\cdots,\text{阱内})\\[2mm]0 & (\text{阱外})\end{cases}$$

可见，势阱中粒子的波函数为驻波(见图 13-12(a))：

$$\Psi(x,\,t)=\sqrt{\dfrac{2}{a}}\sin\dfrac{n\pi}{a}x\,\mathrm{e}^{-\frac{\mathrm{i}}{\hbar}Et}$$

阱内某处粒子的概率密度(见图 13-12(b))为

$$|\Psi|^{2}=\dfrac{2}{a}\sin^{2}\dfrac{n\pi}{a}x$$

能级(见图 13-12(c))为

$$E_{n}=n^{2}\dfrac{\pi^{2}\hbar^{2}}{2ma^{2}}=n^{2}E_{1}\quad(n=1,\,2,\,3,\,\cdots)$$

式中：$E_{1}=\pi^{2}\hbar^{2}/(2ma^{2})$ 为阱内粒子的最小能量(基态能)。

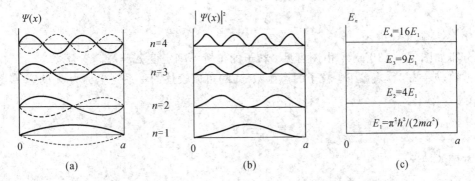

图 13-12　一维无限深势阱内粒子的波函数、概率密度及能级

思考题 13-7　例 13-1 中：

(1) 量子数(整数 n)是人为给定的还是自然出现的?

(2) 当 $n\to\infty$ 时，粒子在阱内的概率分布有何特点? 这相当于什么情形?

(3) 利用 $P=\displaystyle\int_{x_1}^{x_2}|\Psi|^{2}\mathrm{d}x$，计算 $n=1$ 时在 $0<x<a/4$ 区间内发现粒子的概率。

13.1.2　态叠加原理

1. 态叠加原理

微观粒子的量子态可以是若干不同态的线性叠加——这是量子物理的态叠加原理。例如，针对粒子的某种力学测量，对应于 ψ_1 的态测得的结果为 a_1，对应于 ψ_2 的态测得的结果为 a_2，则在

$$\psi=c_1\psi_1+c_2\psi_2 \tag{13-32}$$

所描述的态下，测量的结果既可能为 a_1(概率为 $|c_1|^2$)，也可能为 a_2(概率为 $|c_2|^2$)。我们称 ψ 态为 ψ_1 态和 ψ_2 态的线性叠加态，这种态的叠加使得观测结果具有不确定性。

2. 不确定性关系

粒子的量子态可以用 $\psi(\boldsymbol{r})$ 表示，也可以用 $\psi(\boldsymbol{p})$ 或其他方式表示。同一量子态的不同

表象有确定的变换关系，彼此完全等价。

坐标表象下，粒子的态函数 $\psi(x)$ 可以表述为一系列动量为 p_x 的态 $\mathrm{e}^{\mathrm{i}p_x \cdot x/\hbar}$（相应的概率密度为 $|\varphi(p_x)|^2$）的叠加：

$$\Psi(x) = \frac{1}{\sqrt{2\pi\hbar}} \int \varphi(p_x) \mathrm{e}^{\mathrm{i}p_x \cdot x/\hbar} \mathrm{d}p_x \qquad (13-33)$$

类似地，动量表象下，粒子的态函数 $\varphi(p_x)$ 可以表述为一系列坐标为 x 的态 $\mathrm{e}^{-\mathrm{i}p_x \cdot x/\hbar}$（相应的概率密度为 $|\psi(x)|^2$）的叠加：

$$\varphi(p_x) = \frac{1}{\sqrt{2\pi\hbar}} \int \Psi(x) \mathrm{e}^{-\mathrm{i}p_x \cdot x/\hbar} \mathrm{d}x \qquad (13-34)$$

式(13-33)和式(13-34)是态函数 $\psi(x)$ 和 $\varphi(p_x)$ 之间的傅里叶变换。

例题 13-2 一维无限深势阱中的粒子，若 $n=1$，$a=8$，考察粒子的位置不确定度 Δx 与动量不确定度 Δp_x 的关系。

解 $n=1$，$a=8$，势阱中粒子的波函数为

$$\Psi(x) = \sqrt{\frac{2}{8}} \sin \frac{\pi}{8}x \quad (0 < x < 8)$$

概率分布如图 13-13 所示，由图可见，粒子的位置不确定度 $\Delta x \sim 2$。

波数（$k=2\pi/\lambda$）表象下，粒子的态函数 $\varphi(k)$ 可以表述为一系列坐标为 x 的态 $\mathrm{e}^{-\mathrm{i}k \cdot x}$ 的叠加：

$$\varphi(k) = \frac{1}{\sqrt{2\pi}} \int \Psi(x) \mathrm{e}^{-\mathrm{i}k \cdot x} \mathrm{d}x$$

对于本例的情况：

$$\varphi(k) = \frac{1}{\sqrt{2\pi}} \int_0^8 \frac{1}{2} \sin \frac{\pi}{8}x \, \mathrm{e}^{-\mathrm{i}k \cdot x} \mathrm{d}x$$

得

$$\varphi(k) = \frac{\sqrt{8\pi}(1 + \mathrm{e}^{-\mathrm{i}8k})}{\pi^2 - 64k^2} \quad (-\infty < k < \infty)$$

概率分布如图 13-14 所示，由图可见，粒子的波数不确定度 $\Delta k \sim 0.5$，且有

$$\Delta x \cdot \Delta k \sim 1$$

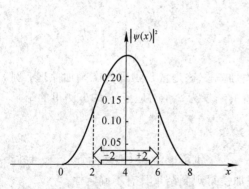

图 13-13 粒子在坐标空间的概率分布

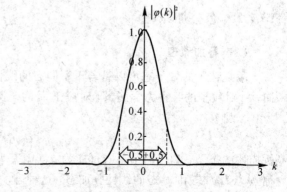

图 13-14 粒子在波数空间的概率分布

考虑到波粒二象性关系式 $p = h/\lambda = \hbar k$，得到粒子的位置不确定度 Δx 与动量不确定

度 Δp_x 的关系：

$$\Delta x \cdot \Delta p_x \sim \hbar$$

上式虽然是从某个特例得到的，但对于微观粒子却具有普遍意义，严格的量子力学理论如下：

$$\begin{cases} \Delta x \cdot \Delta p_x \geqslant \dfrac{\hbar}{2} \\[2mm] \Delta y \cdot \Delta p_y \geqslant \dfrac{\hbar}{2} \\[2mm] \Delta z \cdot \Delta p_z \geqslant \dfrac{\hbar}{2} \\[2mm] \Delta t \cdot \Delta E \geqslant \dfrac{\hbar}{2} \end{cases} \qquad (13-35)$$

1927 年，海森伯提出不确定性原理，认为微观粒子不可能同时得到位置和动量的精确测定值，位置越确定，动量越不确定，反之亦然。时间和能量也是类似的关系。一般地，物理量的不确定度受式(13-35)——不确定性关系的制约，微观客体的这种不确定性与波粒二象性是密切联系在一起的。

例题 13-3 分析单缝衍射中粒子的位置和动量的不确定性关系。

解 如图 13-15 所示，设竖直方向为 x 轴方向。作为粗略的估计，由于缝宽 a 的限制，粒子在 x 轴方向的位置不确定度为

$$\Delta x \sim a$$

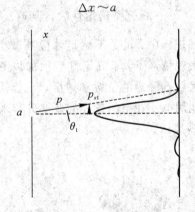

图 13-15 单缝衍射中粒子的不确定性分析

粒子在 x 轴方向的动量不确定度为

$$\Delta p_x \sim p_{x1} = p \sin\theta_1$$

衍射第一级暗纹满足：

$$a \sin\theta_1 = \lambda$$

又有波粒二象关系：

$$\lambda = \frac{h}{p}$$

联合以上四式得

$$\Delta x \cdot \Delta p_x \sim h$$

这个结果与海森伯不确定性关系相符合。

例题 **13-4** 估算下列情况下动量不确定量的相对值 $\Delta p/p$：

(1) 一枚质量为 8 g 的子弹以 700 m/s 的速度过一个直径为 2 cm 的孔；

(2) 动能为 100 eV 的电子过 1 nm 宽的狭缝；

(3) 约束在基态氢原子内的电子。

解 (1) 子弹过孔的动量不确定量的相对值为

$$\frac{\Delta p}{p} \sim \frac{\hbar/\Delta x}{mv} = \frac{1.05 \times 10^{-34}/0.02}{0.008 \times 700} \approx 9 \times 10^{-34} \quad (\text{不确定性微不足道})$$

(2) 电子过狭缝的动量不确定量的相对值为

$$\frac{\Delta p}{p} \sim \frac{\hbar/\Delta x}{\sqrt{2mE_k}} = \frac{1.05 \times 10^{-34}/(1 \times 10^{-9})}{\sqrt{2 \times 9.1 \times 10^{-31} \times 100 \times 1.6 \times 10^{-19}}} \approx 0.02 \quad (\text{不确定性有所显示})$$

(3) 电子在基态氢原子内的动量不确定量的相对值如下：

基态氢原子半径为 r_1，电子的位置不确定量约为 r_1，动量不确定量 $\Delta p \sim \hbar/r_1$。又由角动量量子化条件

$$L = pr_1 = 1 \cdot \hbar$$

得动量

$$p = \frac{\hbar}{r_1}$$

于是

$$\frac{\Delta p}{p} \sim 1 \quad (\text{不确定性大行其道})$$

上述结果表明：日常宏观现象中，量子不确定性极其微小，完全可以忽略——这正好符合经典物理的描述；而在微观情形下，不确定性必须加以考虑。原子中电子的不确定度如此之大，以致没有可以同时精确确定的位置和速度，不能认为有确定的轨道，即根本不能将其看成经典粒子，而只能用电子在空间各处的概率分布来描述。图 13-16 所示的电子云图就是这种概率描述的直观展示。

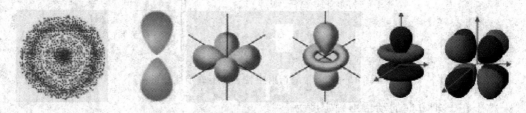

图 13-16 原子的几种较为简单的电子云图

3. 原子中电子的壳层排布

电子云图中点的疏密反映了电子在空间出现的概率大小，它可以通过波函数计算得到。原子中电子云图的多样复杂性表明单用一个量子数表征电子的量子态是不够的。一般地，可以用 4 个量子数来描述原子中电子的量子态：

(1) 主量子数 n——大体上决定原子中电子的能量。$n=1,2,3,4,5,6,7,\cdots$分别对应原子的主壳层 K, L, M, N, O, P, Q, $\cdots$。

(2) 角量子数 l——决定电子的轨道角动量，对能量也有所影响。对主量子数 n，$l=0$，

$1, 2, 3, 4, \cdots, n-1$(共 n 种取值)，分别对应支壳层 s, p, d, f, g, $\cdots$。

（3）磁量子数 m_l——决定轨道角动量在外磁场方向上的分量。对角量子数 l，$m_l = 0$，± 1，± 2，$\cdots$，$\pm l$(共 $2l+1$ 种取值)。

（4）自旋磁量子数 m_s(s 为自旋量子数)——决定电子自旋角动量在外磁场方向上的分量。$m_s = \pm 1/2$(共 2 种取值)。

电子自旋磁量子数的两种取值可在 1921 年的施特恩—格拉赫实验中明显地反映出来，如图 13-17 所示，一束银原子在非均匀磁场的作用下被分成了两束。1925 年，荷兰的两个学生乌伦贝克和古兹密特提出了电子自旋的概念，因为前辈指出它违背了相对论的光速最大限制，他们差一点把论文撤了回来。1928 年，狄拉克用相对论波动方程得出了电子具有自旋的特性。人们逐渐认识到，自旋是微观粒子非常重要的内禀性质。

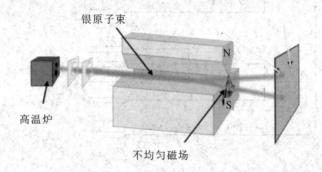

图 13-17 施特恩-格拉赫实验

原子中电子的壳层排布遵循如下两个规则：

（1）能量最低原理——正常情况下，原子中的电子趋向于占有能量最低的态。

（2）泡利不相容原理——原子中一个量子态只能被一个电子所占据，即一个原子中，4 个量子数已经被某个电子占据了一套，就不可能再有电子拥有同样的一套。

根据泡利不相容原理，原子中的一个支壳层最多可以排布 $2(2l+1)$ 个电子。这样，一个主壳层最多可以排布的电子数为

$$\sum_{l=0}^{n-1} 2(2l+1) = 2n^2 \tag{13-36}$$

图 13-18 给出了电子排满 K、L、M 三个主壳层的情况。

按照上述规则，电子一般先填充 n 较小的壳层，同一壳层内，先填充 l 较小的支壳层。例如，铜(Cu，原子序数 $Z=29$)原子的电子排布为

$$1s^2 \, 2s^2 \, 2p^6 \, 3s^2 \, 3p^6 \, 3d^{10} \, 4s^1$$

其中最后一个壳层($n=4$)只在 s 支壳层上排布了 1 个电子。其他原子的电子排布也可按类似的方式给出。需要注意的是，原子的能级主要取决于主量子数 n，也与角量子数 l 有关。因此，原子有可能在 n 较小的壳层上尚未填满电子，在 n 较大的壳层上却开始排布电子了。例如，铁(Fe，原子序数 $Z=26$)原子的电子排布为

$$1s^2 \, 2s^2 \, 2p^6 \, 3s^2 \, 3p^6 \, 3d^6 \, 4s^2$$

其中 3d 支壳层没有排满，而是先排满了 4s 支壳层。

思考题 13 - 8 写出氯(Cl，原子序数 $Z=17$)、氩(Ar，原子序数 $Z=18$)、钾(K，原子序数 $Z=19$)三种原子的核外电子排布，以此说明这三种元素的化学活泼性。

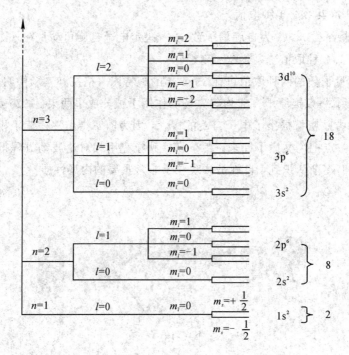

图 13 - 18 原子开头三个壳层的电子排布

思考题 13 - 9 根据原子的电子排布，说明 H_2、CO_2、NaCl 这三种分子化学键的形成。

13.1.3 量子实在论

玻尔曾说:"谁不被量子理论震惊，谁就没有真正理解它。"经典物理对实在世界的描述被量子物理彻底颠覆。可以说，量子实在的诸多神秘困惑之处，正是量子理论最具魅力、最激励本质探索、最能够收获重大发现的地方。限于课程性质，简述如下:

1) 连续与分立

经典理论中连续分布变化的物理量或物理对象，在量子理论中成了分立的，即不连续的、量子化的，如能量量子化、角动量量子化、场量子化等。鉴于广义相对论与量子理论之间存在不协调性，人们其至考虑将时间和空间也进一步量子化。

2) 一象与二象

在经典理论中，粒子就是粒子，波就是波。而在量子理论中，物理对象具有粒子和波的双重特性，粒子和波彼此互补，密切联系。微观粒子不是经典意义上的确定粒子，描述粒子状态的波不是经典意义上的机械波，而是可以作概率理解的几率波。

3) 确定与不定

在经典理论中，粒子有确定的运动轨迹，在确定的时间有确定的位置、动量、能量等。而在量子理论中，态可以叠加，并引入概率(统计)的描述，确定性的概念被打破，位置和动量、时间和能量等，这些两相对应的物理量的不确定度受不确定性关系的制约。粒子在经典理论中具有定域性，在量子理论中不再是定域的。一对纠缠粒子在相隔很远的距离上，仍不可思议地瞬时关联在一起，爱因斯坦称其为"幽灵般的超距作用"。

4）实在与虚无

经典理论描述的物理对象都具有实的形式，真空则被认为空无一物，仅仅作为物质运动的场所而存在。在量子理论中，虚数 $i=\sqrt{-1}$ 几乎无处不在，真空充满了虚粒子，具有零点能，可以激发出正负粒子对。正负粒子相遇又会湮灭，释放出能量，粒子与粒子之间经由真空虚粒子发生相互作用。如此等等，不胜枚举。"天下万物生于有，有生于无""常无欲以观其妙，常有欲以观其徼"——中国古老的哲学思想，在量子物理中有绝妙的演绎。

例题 13-5 讨论双缝干涉"Which Way"试验及薛定谔猫佯谬。

解 （1）双缝干涉"Which Way"试验。

由于波动性，光子或电子通过双缝时，屏幕上会形成明暗相间的干涉花样，如图 13-19(a) 所示（图中 S 为点光源）。如果从粒子的角度去审视，试问：具体落实到一个光子或电子，它到底是从哪一个缝到达屏幕的？有人说，这好办，可以在双缝处设置探测器，以验明粒子实际走的是哪条路径（Which Way）。但是一旦实施这一观测，屏幕上的干涉花样就立即消失了，如图 13-19(b) 所示。

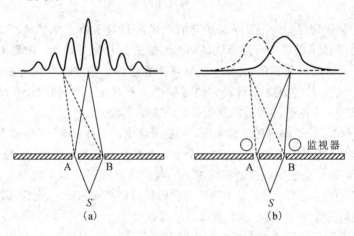

图 13-19 双缝干涉"Which Way"试验

量子理论对此的回答是，当我们问"粒子走的是哪条路径"时，实际上已经把它当成了一个经典粒子。根据量子的观念，对于双缝干涉中的一个粒子，如果我们不去探测它到底是由 A 缝还是由 B 缝到达屏幕的，那么它就处在一个叠加态：

$$|\Psi\rangle = \alpha|A\rangle + \beta|B\rangle$$

但是一旦我们去探测它，那么它就立即坍缩为其中的一个态，要么是 $|A\rangle$ 态，要么是 $|B\rangle$ 态，这种坍缩态使得干涉条纹不再出现。

如果我们对多个粒子实施这种探测，那么可以发现，粒子通过 A 缝的概率为 $|\alpha|^2$，通过 B 缝的概率为 $|\beta|^2$，总的概率为 1。

（2）薛定谔的猫佯谬。

这个佯谬的实质类似于双缝干涉的"Which Way"问题。如图 13-20 所示，盒子里有一只猫，放射性物质处于衰变和不衰变两种状态之中，如果发生衰变，则触动机关，锤子落下，打破装有氰化物的药瓶，猫立即被毒死。根据日常经验，就算没有打开盒子，我们也一定知道，盒子里的猫要么是死的，要么是活的。但是如果用量子理论来描述，那么在打开盒子前，猫的"客观存在"是处于死活叠加态之中：

$$|\Psi\rangle = \alpha|死\rangle + \beta|活\rangle$$

而一旦打开盒子"观察"，猫立即落入到坍缩态，要么死，要么活。

图 13 - 20　薛定谔的猫佯谬

由以上两个例子可见，微观量子理论与我们的生活经验有多大的背离。这里，量子物理甚至将意识也牵涉了进来。因为导致量子态坍缩的是我们的观测，而观测与否全在于人意念的一刹那。爱因斯坦则相信，"有一个离开知觉主体而独立存在的外在世界"。他曾经发问："你是否相信，月亮只有在看着它的时候才真正存在？"当然讨论这个问题时，我们需要注意，量子理论中论及的不是宏观物体，而是微观粒子。

思考题 13 - 10　除了薛定谔的猫佯谬，对量子理论的挑战还有不少。这些挑战极大地推动了量子理论的深入发展，并催生出一些新思想、新技术，如多世界理论、量子保密通信等。历史上，爱因斯坦是量子理论最执着的挑战者。他不满意量子的概率解释和不确定性原理，"上帝不掷骰子"是他坚定的信念，量子理论的完备性是他严肃的质疑。试查阅资料，探讨：

（1）爱因斯坦的光子箱思想实验（见图 13 - 21(a)）；

（2）爱因斯坦等人前后两个版本的 EPR 佯谬（见图 13 - 21(b)）；

（3）挑战最终如何戏剧性地引出了有利于量子理论的结果？

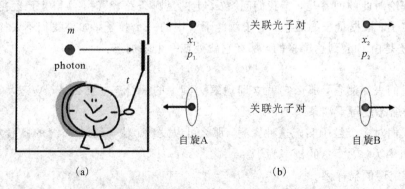

图 13 - 21　光子箱思想实验及 EPR 佯谬的两个版本

13.2 精 细 观 测

光和微观粒子都具有波动性。利用这一性质，人们发展起了一些精密观测、探查、计量技术。

13.2.1 电子显微镜

电子显微镜是利用电子(而不是光子)来观察微细构造的显微工具。1931 年第一台电子显微镜由卢斯卡和克诺尔研制。图 13-22(a)所示为一种现代的电子显微镜装置，其主体由镜筒、真空装置和电源柜三部分组成。镜筒包括电子源、电子透镜、样品架、荧光屏和探测器(用来收集电子的信号或次级信号)等部件，它们自上而下装配成一个柱体。真空装置用以保障显微镜内的真空状态，使电子在其路径上不会被吸收或偏向。电源柜由高压发生器、励磁电流稳流器和各种调节控制单元组成。

根据瑞利判据，孔径为 D 的圆孔光学仪器的最小分辨角为

$$\theta = 1.22 \frac{\lambda}{D} \tag{13-37}$$

光学显微镜工作在可见光区域，波长在 390~760 nm 范围内，其分辨率(最小分辨点距)约为几百纳米，最大放大倍率约为 2000 倍。电子的物质波长可以短到 10^{-3} nm 量级，因此电子显微镜的分辨本领大大提高，分辨率在纳米以下，最大放大倍率超过 300 万倍，不仅能够观测细菌、病毒等非常微细的物体(见图 13-22(b))，甚至能观察到某些重金属的原子和晶体中排列整齐的原子点阵。

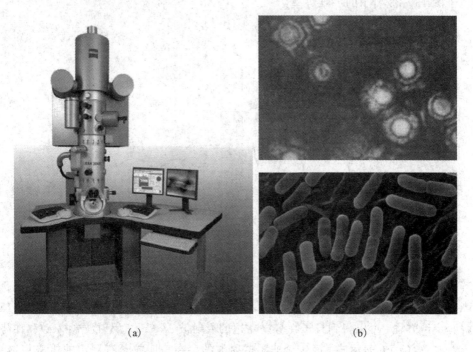

(a)   (b)

图 13-22 电子显微镜及观察到的微生物影像

例题 13 - 6 已知电子的静止质量为 9.11×10^{-31} kg，求：

(1) 经 150 V 电压加速，电子的速度及物质波长是多少？

(2) 若电子显微镜中的电子速度达到 $0.6c$，电子的物质波长又是多少？所施加的加速电压有多高？

解 (1) 经 150 V 电压加速，相对论效应可以忽略，有

$$eU = \frac{1}{2} m_0 v^2$$

$$v = \sqrt{\frac{2eU}{m_0}} = \sqrt{\frac{2 \times 1.6 \times 10^{-19} \times 150}{9.11 \times 10^{-31}}} = 7.26 \times 10^6 \text{ m/s}$$

$$\lambda = \frac{h}{p} = \frac{6.63 \times 10^{-34}}{9.11 \times 10^{-31} \times 7.26 \times 10^6} \approx 1 \times 10^{-10} \text{ m} = 0.1 \text{ nm}$$

(2) 电子速度达 $0.6c$ 时，必须考虑相对论效应：

$$m = \frac{m_0}{\sqrt{1 - \frac{v^2}{c^2}}} = \frac{9.11 \times 10^{-31}}{\sqrt{1 - 0.6^2}} = 1.139 \times 10^{-30} \text{ kg}$$

$$\lambda = \frac{h}{p} = \frac{6.63 \times 10^{-34}}{1.139 \times 10^{-30} \times 0.6 \times 3 \times 10^6} \approx 3.2 \times 10^{-12} \text{ m} = 3.2 \times 10^{-3} \text{ nm}$$

$$U = \frac{E_k}{e} = \frac{mc^2 - m_0 c^2}{e} = (1.139 \times 10^{-30} - 9.11 \times 10^{-31}) \frac{(3 \times 10^8)^2}{1.6 \times 10^{-19}} \approx 1.28 \times 10^5 \text{ V}$$

13.2.2 扫描隧道显微镜

对于图 13 - 23 所示的一维势垒：

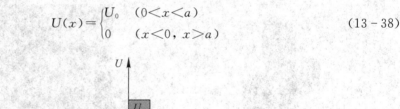

$$U(x) = \begin{cases} U_0 & (0 < x < a) \\ 0 & (x < 0, \ x > a) \end{cases} \tag{13 - 38}$$

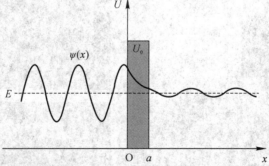

图 13 - 23　势垒穿透：量子隧道效应

若势垒左边 $(x < 0)$ 的粒子的总能量 E 小于势垒高度 U_0，则在经典理论中，粒子是无法过到势垒右边 $(x > a)$ 去的。在量子物理中，粒子可以用波函数来描述。类似于例题 13 - 1，通过解薛定谔方程，可以得到粒子在势垒左边的入射波 $\psi_入(x)$、反射波 $\psi_反(x)$ 和在势垒右边的透射波 $\psi_透(x)$ 的表达式。而一个非零透射波的存在表明粒子有一定的概率穿透势垒，粒子能够穿透比其能量更高的势垒的现象称作量子隧道效应。

可以用穿透系数 T 来表示粒子穿透势垒的概率, 其定义为 $x=a$ 处的透射波强度与 $x=0$ 处的入射波强度之比。在 $a\sqrt{2m(U_0-E)}/\hbar \gg 1$ 的情况下, 有

$$T=\frac{|\psi_{透}(a)|^2}{|\psi_{入}(0)|^2} \sim \mathrm{e}^{-\frac{2a}{\hbar}\sqrt{2m(U_0-E)}} \tag{13-39}$$

可见粒子的穿透系数与势垒的高度和宽度有关。势垒高度越高, 宽度越大, 透射系数就越小。若势垒很宽, 且高度大大超过粒子能量, 则粒子的穿透概率几近于零, 这就是经典物理中的情形。

1981 年, 宾宁和罗雷尔利用电子的隧道效应研制了扫描隧道显微镜(见图 13-24)。从图中可以看出, 扫描隧道显微镜工作的关键部位在样品表面和针尖之间的微小距离上。首先, 由于隧道效应, 电子并没有完全被阻止在金属内部, 而是有一定的概率穿过势垒到达金属的外表面, 形成一层电子云。电子云的密度随着表面距离的增大呈指数式衰减, 衰减长度约为 1 nm。当原子尺度的极细针尖与样品表面非常靠近时, 两者的表面电子云会有一定程度的重叠。在微小电压的作用下, 电子就会穿过探针与样品间的势垒, 形成隧道电流 I, 且隧道电流对距离极其敏感。当探针与样品表面的距离改变一个原子距离时, I 可以有上千倍的变化。观测样品时, 让探针在样品表面做横向扫描, 根据隧道电流的变化, 利用反馈装置控制针尖, 使之与样品表面保持恒定的距离。把针尖的横向扫描和纵向起伏运动的数据送入计算机进行处理, 就可以在屏幕上显示放大了几百万乃至上亿倍的样品表面三维图像。

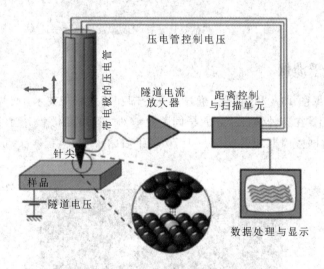

图 13-24 扫描隧道显微镜(STM)

扫描隧道显微镜的横向分辨率达 0.1 nm, 纵向分辨率达 0.01 nm, 可以实时观察单个原子在物质表面的排列状况, 以及与表面电子行为有关的性质, 在表面科学、材料科学和生命科学等领域的研究中发挥重要的作用。图 13-25(a)所示为用扫描隧道显微镜观察到的砷化镓样品表面及 DNA 片段的情况, 图 13-25(b)所示为借助扫描隧道显微镜实现对单个原子的操纵。

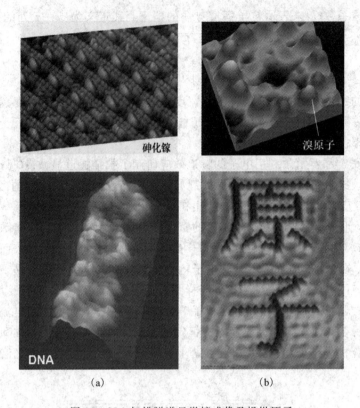

图 13 - 25　扫描隧道显微镜成像及操纵原子

13.2.3　冷原子干涉仪

运用磁光阱(见图 13 - 26)装置,通过激光冷却和蒸发冷却技术,可以将原子冷却到接近绝对零度的低温。在这种情况下,原子间距足够小,速度足够慢,会发生相变形成一种新的物质状态,此即爱因斯坦曾预言并于 70 多年后的 1995 年首次实现的玻色-爱因斯坦凝聚(BEC)态。

图 13 - 26　激光冷却原子所用的磁光阱示意图

　　当物质处于 BEC 状态时,所有原子都"凝聚"在一个相同的量子态(能量最低态),只需用一个波函数就可以描述。从物质波的角度理解,原子的温度越低,热运动速度越慢,其德布罗意波长就越大。当温度足够低时,原子的德布罗意波波长可达微米量级,与气体中原子的平均距离相当,这样每个原子都会受到其他原子德布罗意波的协同,形成一个协同一致的状态,即 BEC 状态。

　　BEC 原子好比激光束中的光子,具有很好的相干性。实验发现,将 BEC 原子分成两团,使其在重力场中下落时相遇,会发生干涉,产生清晰的干涉条纹,如图 13 - 27 所示。

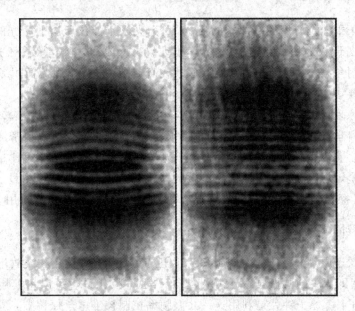

图 13 - 27　两团 BEC 下落过程中形成的干涉条纹

　　利用冷原子(特别是超冷原子)的相干特性,可以设计多种类型的原子干涉仪。图 13 - 28 所示是一种由三个驻波相位光栅构成的 Mach-Zehnder 原子干涉仪。实验中,超冷原子束首先被两个狭缝准直,然后被第一个驻波相位光栅分束,再经第二、第三两个驻波相位光栅合束发生干涉。

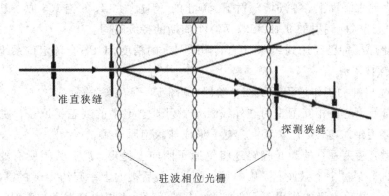

图 13 - 28　三驻波相位光栅构成的原子干涉仪

1997 年,Pritchard 等人采用三光栅 Mach-Zehnder 原子干涉仪,测量了微小转动引起的 Sagnac 相移。干涉仪做微小旋转时，在两干涉臂(两分路径)的合束处，两分波有一个相应的相位差，称为 Sagnac 相移，其值为

$$\Delta\phi = \frac{2\Omega A}{\hbar c^2} E \qquad (13-40)$$

式中：E 为波粒子的能量。当干涉仪两臂所包围的面积 A 相同时，对于同样的旋转角速度 Ω，采用原子干涉仪与采用光学干涉仪测量的 Sagnac 相移之比为

$$\frac{\Delta\phi_{atom}}{\Delta\phi_{light}} = \frac{mc^2}{h\nu} \qquad (13-41)$$

式中：m 为原子干涉仪所用的冷原子的质量，ν 为光学干涉仪所用的激光的频率。由此可知，原子物质波干涉仪的测量精度要比光学干涉仪高出约 10 个数量级。不过，由于原子束通过光栅的衍射角较小，且原子干涉实验必须在真空室中进行，因此面积 A 相对较小，实际的高出精度要小一些。

根据上述原理可以制成原子干涉陀螺仪，用于精确测量物体的微小转动。除此之外，原子干涉仪在科学技术中还有诸多重要的应用。利用原子干涉仪可以精密测量精细结构常量、万有引力常量等基本物理常量，检验量子力学和广义相对论等物理学的基本理论。由于原子具有质量，原子干涉仪可以作为灵敏的惯性传感仪，用于精确测量加速度、重力梯度等，在导航、探矿、大地勘察、地震预报、环境监测等方面发挥重要作用。

13.2.4 原子钟

根据量子跃迁原理，原子从一个能态跃迁至另一个能态，会吸收或放出一定频率的电磁波，这个频率即原子的共振频率。20 世纪 30 年代，拉比设想可以将其用来制作高精度的时钟——原子钟。原子钟就是利用这一共振频率控制校准电子振荡器，进而控制时钟的走动，使其具有极高的精度，在天文、航海、航空、宇宙航行、大地测量、通信、军事等各种领域发挥巨大的作用。

原子钟采用的原子有铯(Cs)、铷(Rb)、氢(H)等。其中 Cs⁻133 的共振频率已被用作"秒"的定义：

$$1\,s = 9\,192\,631\,770\,T_{Cs-133} \qquad (13-42)$$

即 1 s 等于大地水平面上、零环境辐射下、静止的、温度为 0 K 的铯 133 原子基态的两个超精细能级间跃迁对应辐射的 9 192 631 770 个周期的持续时间。

目前，铯原子钟已经达到 2000 万年才相差 1 s 的精度。GPS 全球定位系统采用的就是铯原子喷泉钟技术。

铯原子喷泉钟的工作过程可从四个阶段(见图 13-29)来考察：

(1)冷却：用 6 束相互垂直的红外线激光照射真空室中的气态铯原子，使其运动速度减慢，温度接近绝对零度，距离相互靠近，形成球状铯原子团。

(2)上抛：两束垂直的激光轻轻地将铯原子团向上抛出，然后关闭所有的激光器。铯原子团上抛时，穿过一个微波腔，从中吸收能量，最后被向上举起约 1 m 的高度。

(3)下落：在重力场的作用下，铯原子团开始下落，当再次穿过微波腔时，铯原子会将所吸收的能量全部释放出来，其状态也发生相应的改变。

(4)探测：在微波腔的出口处，一束探测激光射向铯原子气体，后者受到激光场的作

用放射出光能,由探测器测量荧光的强度。

上述过程多次重复进行,每次微波腔中的频率都不相同。其中能让大部分铯原子的能态发生相应改变的微波频率就是铯原子的天然共振频率,即用以控制时钟精确走时的频率。

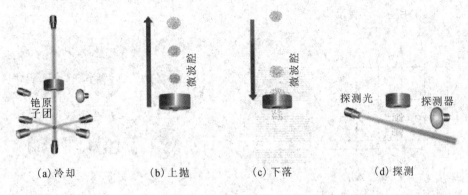

图 13-29 铯原子钟的工作过程

在铯原子钟中,原子是在微波频率范围内转变的。光学频率比微波频率要高出 5 个数量级,因此,通过对光学频率的精密控制,以及将其与微波频率进行高精度的转换,可以提供超高精度的频率标准,实现更精确的计时。2010 年,美国国家标准局研制的铝离子光钟利用了 $^{27}Al^+$ 离子电子在 1s 和 3p 能级间的跃迁,电磁波振荡频率为 1.121 015 393 207 857 4(7)×10^{15} Hz,时钟精度达到了 37 亿年不超过 1 s 的误差。

思考题 13-11 查阅资料,了解扫描近场光学显微镜的主要构造及工作原理,说明其与扫描隧道显微镜的异同之处。

思考题 13-12 2010 年人们用光钟做实验,显示了微小高度差下的引力频移效应。实验中,两个相同的铝离子光钟置于高度相差 30.5 cm 的两处,观察到了 (4.1±1.6)×10^{-17} 的频率差别。试根据广义相对论引力钟慢效应,计算该频率差别所对应的高度差。

*13.3 光 电 器 件

利用光与物质的量子性质,人们研制出了各种各样的光电器件。下面以几种半导体光电器件为例做一简单介绍。

13.3.1 光伏电池

光伏电池是把太阳的光能直接转化为电能的装置,地面光伏系统大量使用的是硅太阳能电池。

硅晶体是一种半导体材料,其导电能力介于导体和绝缘体之间。硅原子核外有 14 个电子,其电子排布为 $1s^2\,2s^2\,2p^6\,3s^2\,3p^2$。硅晶体中每个原子有 4 个相邻原子,相邻两原子共用 2 个价电子,形成最外层 8 电子的稳定结构。不同于孤立原子的外层电子具有某个确定的能级值,晶体中的原子由于彼此靠得很近,外层电子还会受到其他原子的作用,其能量会发生微小的变化,原本的一个能级演变成由若干密集能级组成的准连续能带。相邻两个能带间的空隙代表晶体不能占有的能量状态,称为禁带或带隙,如图 13-30(a)所示。在热或其他形式能量的激发下，价带中的部分电子会越过禁带进入能量较高的空带，空带中存在电子后成为导带。电子进入导带，成为可以导电的自由电子，同时在原位置上留出一个空穴。空穴可由电子来填补而发生移位，因此也是一种可以传导电流的载流子(空穴的移动相当于正电荷的流动)。在纯净的硅晶体中，电子载流子和空穴载流子的数目是相等的，如图 13 - 30(b)所示，○ 表示空穴)。

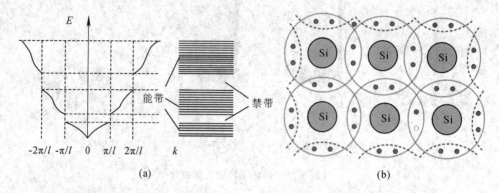

图 13 - 30　晶体的能带及电子-空穴对

　　通过在纯净的硅晶体中掺入杂质，可以制成不同导电类型的半导体。当在硅晶体中掺入少量的 3 价杂质(如硼、铝、镓、铟等)，1 个杂质原子同相邻的 4 个相邻硅原子形成共价键时，还缺少 1 个价电子，从而会在共价键上出现一个空穴，构成空穴为多数载流子的 P 型半导体，如图 13 - 31(a)所示。反之，如果在硅晶体中掺入少量的 5 价杂质(如磷、砷、锑等)，则 1 个杂质原子与硅原子形成共价键，还多余 1 个价电子，这个价电子很容易挣脱原子核的吸引，变成自由电子，构成电子为多数载流子的 N 型半导体，如图 13 - 31(b)所示。

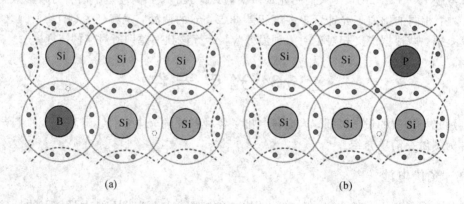

图 13 - 31　P 型和 N 型半导体

　　将 P 型半导体与 N 型半导体制作在同一块硅片上，两者交接处的过渡区域称为 P - N 结，如图 13 - 32 所示。在 P - N 结一边的 P 型区内，空穴很多，电子很少；另一边的 N 型区内则正好相反。这样由于两边的电子和空穴的浓度不相等，就会产生多数载流子的扩散运动，造成交界面的 P 侧因获得一些电子失去一些空穴而形成一定量的负离子，N 侧因走掉一些电子迎来一些空穴而产生等量的正离子，这一正一负的离子区域构成空间电荷区，形成内建电场。内建电场使空间电荷区内的电子和空穴做与扩散运动方向相反的漂移运动,最终扩散和漂移两种运动达到动态平衡,形成稳定的结构分布。

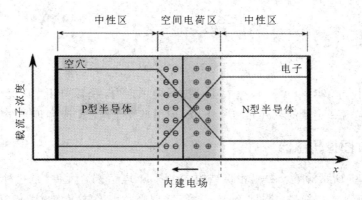

图 13-32 P-N 结

太阳光照射到光伏电池板上时,能量大于半导体禁带宽度的光子使得半导体中原子的价电子受到激发跃迁到导带,同时在原价带中留下一个空穴,即产生光生电子-空穴对,如图 13-33 所示。在空间电荷区产生的光生电子-空穴对被内建电场分离,光生电子被推进 N 区,光生空穴被推进 P 区,空间电荷区边界处总的载流子浓度接近于 0。在 N 区,光生空穴向 P-N 结边界扩散,一旦到达 P-N 结边界,便立即在内建电场力的作用下越过空间电荷区进入 P 区,而光生电子则留在 N 区。在 P 区,则是光生空穴留在原区,光生电子移到 N 区。这样就使得 P 区带正电,N 区带负电,产生光生电动势,可以对外供电,如图 13-34 所示。因此,光伏电池是通过半导体中的光电效应把光能转变成为电能的,是一种不会枯竭、用途广泛的洁净能源。

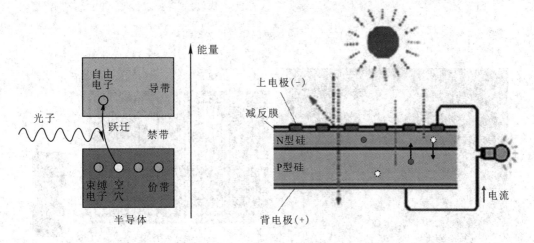

图 13-33 半导体中的光生电子-空穴对   图 13-34 光伏电池原理图

例题 13-7 把硅原子中的价电子从价带激发到导带,成为可以在硅晶体中自由移动的导电粒子,至少需要提供 1.12 eV 的能量,这个能量称为硅的禁带宽度。试由该禁带宽度考察硅光伏电池照射光的频率和波长要求。

解 根据光电效应关系,要求

$$h\nu \geqslant E_{禁带宽度} \tag{13-43}$$

则

$$\nu \geqslant \frac{E_{\text{禁带宽度}}}{h} = \frac{1.12 \times 1.6 \times 10^{-19}}{6.63 \times 10^{-34}} = 2.703 \times 10^{14} \text{ Hz}$$

$$\lambda = \frac{c}{\nu} \leqslant \frac{3 \times 10^8}{2.703 \times 10^{14}} \times 10^9 \text{ nm} \approx 1110 \text{ nm}$$

可见光波长为 390~760 nm,落在上述波长要求之内,所以可用太阳光(在地面上主要为可见光,也包含一定量的红外光和紫外光)照射硅光伏电池,来实现光能向电能的转换。

13.3.2　CCD图像传感器

在图 13-35 所示的单反数码相机结构中,CCD(电荷耦合元件)是一种半导体集成器件,广泛应用于摄像、扫描、测量等。CCD 能够把光学影像转化为电荷信号,输出后的模拟信号可以进一步转换成数字信号。CCD 芯片的运作包含光电荷的生成、储存、转移、输出等环节,如图 13-36 所示。

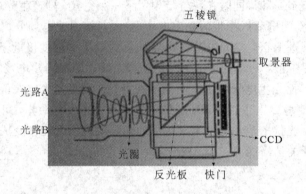

图 13-35　单反数码相机中的 CCD

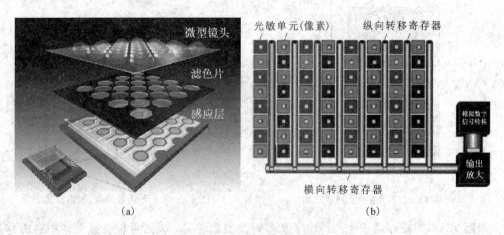

图 13-36　CCD 芯片示意图

照射到 CCD 芯片上各单元的光,首先经过微型镜头和滤色片,再入射到感应层的光敏物质上。CCD 的每一个微小光敏单元(光电二极管 PD 或金属氧化物半导体 MOS)对应一个像素,像素越多,画面分辨率就越高。图 13-37(a)所示为 MOS 中的信号电荷产生原

理：入射光作用到半导体材料（如 P 型硅）上，产生光生电子-空穴对。光生电量公式为

$$Q = \eta e \Delta n S T \tag{13-44}$$

式中：η 为材料的量子效率，e 为电子电量，Δn 为入射光的光子流速率，S 为光敏单元的受光面积，T 为光注入时间。可见，入射光越强，光生电荷就越多。因此，可以将光生电荷作为信号输出实现成像。

图 13-37(b) 所示为信号电荷的储存原理。在 MOS 的金属电极上加电压 U，则 P 型硅内的多数载流子空穴就会在电场作用下趋向离开电极，形成一个耗尽区；另一方面，少数载流子电子则被电场引入耗尽区，因此耗尽区成为一个收容信号电荷的"陷阱"，即势阱。

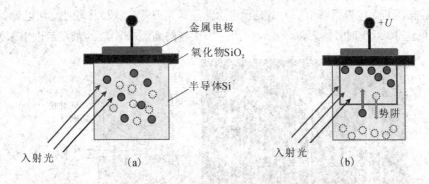

图 13-37　信号电荷的产生和储存

图 13-38 为信号电荷的转移原理。图中金属电极彼此靠得很近，间距仅为几微米。通过在电极上按一定规律变化的电压值营造依次移位的势阱，实现信号电荷的转移。利用这种方式，结合图 13-36 可知，像素上的信号电荷通过纵向转移寄存器和横向转移寄存器进行有序传输，最后经输出放大和模式转换形成数字图像信号。

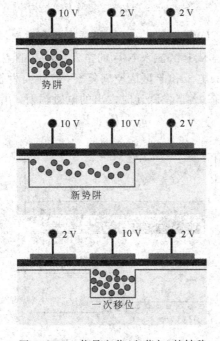

图 13-38　信号电荷（电荷包）的转移

思考题 13 - 13　CCD 芯片上的微型镜头和滤色片(见图 13 - 36(a))各起什么作用?

思考题 13 - 14　目前手机摄像头上采用的图像传感器一般为 CMOS(互补性金属氧化物半导体),试查阅资料,将其与 CCD 做原理、构造、性能等方面的比较。

13.3.3　发光二极管

发光二极管(LED)是一种把电能转化成光能的半导体二极管,如图 13 - 39 所示。根据所用半导体材料的不同,LED 可以有不同的发光颜色。例如,砷化镓二极管发红光,磷化镓二极管发绿光,碳化硅二极管发黄光,氮化镓二极管发蓝光,等等。LED 被广泛应用于仪器指示灯、交通信号灯、广告招牌灯、大型显示屏、屏幕背光源等。LED 体积小、耗电低、亮度高,使用寿命可达 10 万小时,且无毒环保,作为一种优越的新型节能灯具正在走进千家万户。

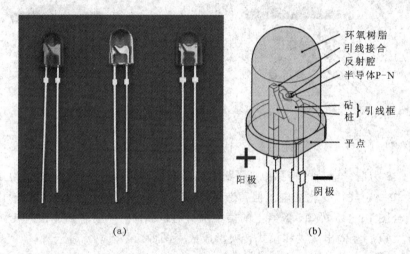

图 13 - 39　发光二极管及其结构

与普通二极管一样,LED 由一个 P - N 结组成,具有单向导电性。如图 13 - 40 所示,当给 LED 加上正向电压时,从 P 区注入 N 区的空穴和从 N 区注入 P 区的电子,在 P - N 结附近数微米内分别与 N 区的电子和 P 区的空穴复合,产生自发辐射的荧光。自发辐射是电子从较高能态 E_2 向较低能态 E_1 自发跃迁时发出的电磁辐射,满足:

$$h\nu = E_2 - E_1 \tag{13 - 45}$$

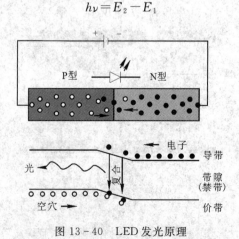

图 13 - 40　LED 发光原理

设处于较高能态的原子数密度为 n_2，自发辐射的光子数密度为 n_{21}，则自发辐射爱因斯坦系数为

$$A_{21} = \frac{n_{21}}{n_2} \qquad (13-46)$$

对于不同的半导体材料，电子和空穴所处的能态不同，两者复合时释放的能量也就不同。一对电子-空穴复合释放出的能量越多，发出的光波长就越短，颜色越偏向于蓝的一端；反之则偏向于红的一端。

LED 的反向击穿电压大于 5 V，正向导通电压低于 1 V，正向伏安特性曲线很陡（见图13-41），采取串联电阻的方法可以限制通过二极管的电流，防止P-N 结烧坏。

思考题 13-15 查阅资料，了解光敏二极管（光电二极管 PD）的构造及原理，简述其与发光二极管（LED）的区别与联系。

思考题 13-16 对于二极管：

(1) 为什么具有单向导电性？

(2) 什么是反向击穿？它会造成什么后果？

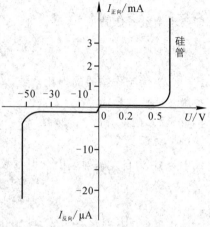

图 13-41 二极管伏安特性曲线

13.3.4 半导体激光器

激光的理论基础是 1917 年爱因斯坦提出的受激辐射概念。受激辐射是处于激发态的原子在一定频率的外来光子的刺激下回到某个低能态，并辐射出连同入射光子在内共两个光子的过程，如表 13-2 所示。受激辐射产生的光具有相同的频率、相位、偏振和传播方向，因而具有单色性佳、相干性好、方向性强、亮度高等区别于传统的自发辐射光的一系列优点。

表 13-2 自发辐射和受激辐射

类 别	辐射前	辐射后
自发辐射	E_2 ● E_1	E_2 ○ $h\nu = E_2 - E_1$ E_1 ●
受激辐射	E_2 ● $h\nu = E_2 - E_1$ E_1	E_2 ○ $h\nu = E_2 - E_1$ E_1 ●

　　1960 年梅曼研制出了世界上第一台激光器——红宝石激光器。激光器主要由工作物质、泵浦源和谐振腔三部分构成，如图 13-42 所示。由泵浦源提供能量激励，将工作物质中的原子由基态抽运到高能态，当高能态的粒子数超过低能态的粒子数时，即实现了粒子数反转。这时受激辐射产生的光在由一个全反射镜和一个部分反射镜组成的谐振腔内来回振荡，使更多的工作物质原子产生受激辐射，实现光的受激辐射放大，形成的激光经由部分反射镜输出。要实现谐振腔内的激光振荡，必要条件是

$$R_1 R_2 e^{(\alpha_{增}-\alpha_{损})2L} \geqslant 1 \tag{13-47}$$

即要求增益系数满足

$$\alpha_{增} \geqslant \alpha_{损} + \frac{1}{2L}\ln\frac{1}{R_1 R_2} \tag{13-48}$$

式中：$\alpha_{损}$ 为工作物质的损耗系数，L 为谐振腔腔长，R_1、R_2 为谐振腔两镜面的反射率。由于增益系数满足

$$\alpha_{增} = (n_2 - n_1)\frac{c^2 A_{21}}{8\pi\nu^2} \tag{13-49}$$

式中：A_{21} 为自发辐射爱因斯坦系数。因此激光上下能级粒子数密度之差需满足

$$n_2 - n_1 \geqslant \frac{8\pi\nu^2}{c^2 A_{21}}\left(\alpha_{损} + \frac{1}{2L}\ln\frac{1}{R_1 R_2}\right) \tag{13-50}$$

　　可见，只有选择合适的工作物质，设计合适的谐振腔构造，提供足够的能量激励，才能令粒子数反转达到一定的数值，让增益足以抵偿所有的损耗，使激光振荡和输出成为可能。

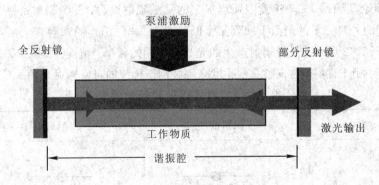

图 13-42　激光器的工作原理

　　半导体激光器是 1962 年霍耳在听了两名学者报告的砷化镓材料的光发射现象后，与其他研究人员一道，经数周奋斗发明成功的。这种激光器的主体是激光二极管（LD），其工作原理如下：

　　(1) 能量激励：通过电注入式或其他激励方式，在高掺杂半导体 P-N 结附近的导带与价带之间，实现非平衡载流子的粒子数反转。

　　(2) 受激辐射：在符合条件的外来光子的作用下，导带中的电子向价带中的空穴跃迁（复合），发射出与外来光子频率相同的光子（光子能量近似等于禁带宽度：$h\nu \approx E_{禁}$）。

　　(3) 放大输出：P-N 结附近处于粒子数反转状态的大量电子与空穴复合，产生受激辐射的同时，与 P-N 结平面相垂直的晶体自然解理面（见图 13-43 中的 a、a'面）构成法布

里-珀罗谐振腔，使受激辐射得以放大并输出。输出激光的强度可由注入电流的大小来调制，如图 13 - 44 所示。

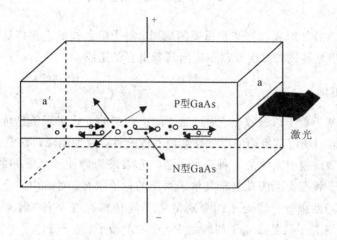

图 13 - 43　砷化镓激光器结构示意图

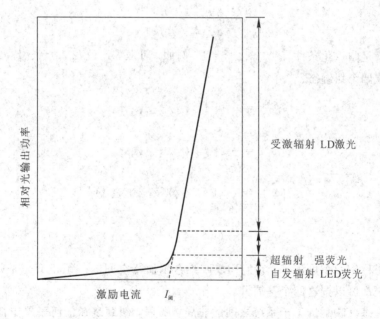

图 13 - 44　激光二极管输出功率曲线

相比于其他种类的激光器，半导体激光器具有体积小、重量轻、耗电少、效率高、响应快、运转可靠等诸多优点。借助于微电子技术，可以大量生产半导体激光器，甚至还能够在同一块板上集成几百万只小激光器。半导体激光器已广泛应用于光纤通信、光盘、打印、扫描、指示、医疗、焊接、瞄准、测距、导航等多个领域，显示出蓬勃发展的态势。

思考题 13 - 17　查阅资料，了解：

（1）量子阱激光器的构造及工作原理；

（2）三极管的构造、原理及应用；

（3）集成光电器件的发展。

*13.4　量 子 信 息

量子物理的态叠加原理也有非常重要的应用。量子信息技术正在广泛研究和蓬勃兴起之中,它为未来信息科技的发展开启了通向崭新世界的道路。

13.4.1　量子通信

量子通信是基于量子纠缠效应、通过量子隐形传态的方式实现信息传递的一种新型通信技术。量子通信因其信息传输的高效性和绝对安全性,成为国际科研竞争的焦点之一。

量子纠缠是微观粒子系统的一种奇妙特性,它表现为即使子系统间的距离极其遥远,一个子系统的量子状态也无法独立于其他子系统的量子状态,对其中一个粒子的测量将即刻改变其他粒子的结果——即处于纠缠态的粒子间仿佛存在一种"幽灵般的超距作用"。EPR 实验中的一对粒子就处于量子纠缠之中。设一个粒子(光子或电子等)处于 $|\uparrow\rangle$ 或 $|\downarrow\rangle$ 两种量子态(如自旋向上或向下)的叠加,则两个独立粒子的量子态分别为

$$|\psi_1\rangle = \alpha_1 |\uparrow_1\rangle + \beta_1 |\downarrow_1\rangle$$
$$|\psi_2\rangle = \alpha_2 |\uparrow_2\rangle + \beta_2 |\downarrow_2\rangle \tag{13-51}$$

式中的系数满足归一化条件 $|\alpha|^2 + |\beta|^2 = 1$,例如,可取 $\alpha = 1/\sqrt{2}$,$\beta = -1/\sqrt{2}$——这两个粒子可以组成四个纠缠态:

$$|\psi_{12}^-\rangle = \frac{1}{\sqrt{2}}(|\uparrow_1\downarrow_2\rangle - |\downarrow_1\uparrow_2\rangle)$$

$$|\psi_{12}^+\rangle = \frac{1}{\sqrt{2}}(|\uparrow_1\downarrow_2\rangle + |\downarrow_1\uparrow_2\rangle)$$

$$|\Phi_{12}^-\rangle = \frac{1}{\sqrt{2}}(|\uparrow_1\uparrow_2\rangle - |\downarrow_1\downarrow_2\rangle) \tag{13-52}$$

$$|\Phi_{12}^+\rangle = \frac{1}{\sqrt{2}}(|\uparrow_1\uparrow_2\rangle + |\downarrow_1\downarrow_2\rangle)$$

这四个态称作四个贝尔基,它们构成四维希尔伯特空间的一组正交完备归一基。空间上的任何态矢都可以按这四个基展开。

量子纠缠态反映了量子子系统之间的非局域关联,纠缠态在任何表象中都不可能写成各单粒子的量子态的直积,例如:

$$|\psi_{12}^-\rangle = \frac{1}{\sqrt{2}}(|\uparrow_1\downarrow_2\rangle - |\downarrow_1\uparrow_2\rangle) \neq |\psi_1\rangle \otimes |\psi_2\rangle \tag{13-53}$$

例题 13-5 中"薛定谔的猫"就处于与放射性粒子的纠缠态中。放射性粒子具有激发态 $|1\rangle$ 和基态 $|0\rangle$ 两种量子态:$|\psi_{粒}\rangle = \alpha|0\rangle + \beta|1\rangle$。在没有打开盒子观察猫的死活之前,猫与放射性粒子构成的系统的总的量子态为

$$|\psi_{粒猫}\rangle = \alpha|0,活\rangle + \beta|1,死\rangle \tag{13-54}$$

对于作为宏观生物体的猫来说,上述怪异的纠缠态似乎是荒诞透顶的。但是对于微观量子客体,这种奇特的纠缠却被实验证明是完全真实的,并且给我们带来了神奇的应用,

量子隐形传态就是一例。

隐形传态的想法最初来源于科幻小说,指的是一种无影无踪的传送过程,它把一个物理客体等同于构造该客体所需的全部信息,传递客体只需传递它的信息,而不用搬运该客体。在经典物理学中,这个过程可以实现。我们先精确地测定原物,提取它的所有信息,然后将这个信息传送到接收地点,接收者依据这些信息选取与原物构成完全相同的基本单元(如原子),就可以在另一个地点制造出与原物完全相同的复制品。但是在量子力学中,由于受不确定性关系的制约,不可能精确地测出原物的全部信息,也不可能复制出与原物相同的量子态(量子不可克隆定理),因此要实现量子态的原样传递似乎是不可能的。

1993 年 C. H. Bennett 等人提出,可以利用 EPR 纠缠态的非局域关联再辅以一个经典的信息通道来传送未知的量子态。1997 年中国学者潘建伟与荷兰学者波密斯特等人合作,首次实现了量子隐形传态,其基本过程是:为实现某个未知量子态的传送,首先通过一定的方式制备一对纠缠态粒子(例如,在非线性光学晶体如 BBO 中,一个泵浦光子可以自发地湮灭成两个时间、偏振、频率、自旋等高度关联的光子),让通信双方分别获得其中一个粒子,发送方(Alice)将具有未知量子态的粒子与该方的纠缠粒子进行联合测量,则接收方(Bob)的纠缠粒子瞬间发生量子态的坍塌,发送方将联合测量的结果通过经典信道传送给接收方,接收方据此对坍塌的粒子态进行逆转变换,即可得到与发送方原未知态完全一致的量子态,如图 13-45 所示。

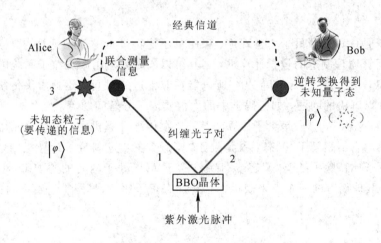

图 13-45　量子隐形传态原理

在上述量子隐形传态过程中,EPR 纠缠粒子对扮演了最为重要的角色。利用两粒子纠缠态建立的量子通道和贝尔基的联合测量,把原始态的量子信息隐含在其中,在通信双方不知道传输的原始态的任何信息的情况下,把这个态制备到另一个粒子上。

必须指出的是,量子隐形传态具有以下特性:

(1) 传送的仅仅是原物质的量子态,而不是原物本身。

(2) 并不违背量子不可克隆定理。因为发送者在对原物进行测量时,将造成原物量子态的破坏,从而其量子态的传输不是一个复印文件般的复制过程,而是一个经由量子和经典两个通道的重建过程。

（3）量子隐形传态并不违背相对论。因为量子隐形传态必须要借助经典通道传送一部分信息才能完成，从而不可能成为超光速通信。

（4）带来非常可靠的信息安全性。由于在量子隐形传态中，任何试图在中途窃取信息的行为都将导致量子态的坍缩而被通信者发现，因而可以实现真正意义上的保密通信。

我国在量子信息基础研究和产业化竞争中居于国际领先水平。2012 年 8 月，潘建伟院士等人成功实现了世界上第一次百公里级的自由空间量子隐形传态和纠缠分发，为发射全球量子通信卫星、实现全球量子网络奠定了技术基础。作为量子网络的先行者，我国已开始建设多城市卫星联结广域量子通信体系，首期于 2010 年 7 月启动的覆盖合肥市主城区的量子通信示范网，已于 2012 年 3 月正式投入使用，其用户为对信息安全要求较高的政府机关、金融机构、军工企业及科研院所等。

思考题 13-18 若甲乙两粒子处于量子态 $|\psi\rangle_A=(|00\rangle+|01\rangle)/\sqrt{2}$，则粒子彼此不纠缠。可以从两个角度认识这一点：一是这个态可以写成各单粒子量子态的直积 $|\psi\rangle_A=|0\rangle_{甲}\otimes(|0\rangle+|1\rangle)_{乙}/\sqrt{2}$，二是测量甲粒子的量子态，并不使乙粒子坍缩到某个态（$|0\rangle$ 或 $|1\rangle$）上去，反之，测量乙粒子也不影响甲粒子（总是 $|0\rangle$）。试分析判断以下量子态是否具有纠缠性：

(1) $|\psi\rangle_B=(|01\rangle+|10\rangle)/\sqrt{2}$；

(2) $|\psi\rangle_C=(|01\rangle-|11\rangle)/\sqrt{2}$；

(3) $|\psi\rangle_D=(|00\rangle-|11\rangle)/\sqrt{2}$。

13.4.2 量子计算

量子计算是一种依照量子力学理论、采用量子比特进行的新型计算。根据量子计算的物理基础和运算原理制造的量子计算机，因其可以同时处理用微观粒子系统的量子状态存储的大量信息，产生极大的计算能力，所以能在非常短的时间内迅速解决传统计算机数十年、数百年难以解决的问题，如密码学中的大数质因子分解问题等。

量子比特（又称量子位）是量子计算的基石。在传统计算机中，信息单元用二进制的一个比特来表示，它不是处于"0"态，就是处于"1"态。在二进制量子计算机中，信息单元也是比特，但量子比特除了处于"0"态或"1"态外，还可以处于两者的叠加态：$|\psi\rangle=\alpha|0\rangle+\beta|1\rangle$。用 Bloch 球面上的一个点来表示一个叠加态量子比特（见图 13-46），就是

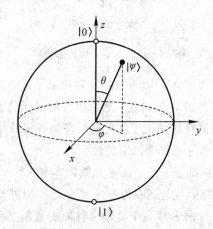

图 13-46 量子比特的 Bloch 球面表示

$$|\psi\rangle = \cos\frac{\theta}{2}|0\rangle + e^{i\varphi}\sin\frac{\theta}{2}|1\rangle \qquad (13-55)$$

式中：$|0\rangle$ 态和 $|1\rangle$ 态的概率分别为 $\cos^2\theta/2$ 和 $\sin^2\theta/2$。叠加态量子比特通过测量或与其他物体发生相互作用，呈现出 $|0\rangle$ 态或 $|1\rangle$ 态。任何具备两态的量子系统都可用来实现量子比特，例如，氢原子中电子的基态和第一激发态，质子自旋在任意方向的 +1/2 分量和 −1/2 分量、圆偏振光的左旋和右旋等。

　　量子计算的威力来源于量子态的叠加和关联。对于传统计算机来说，其 2 位寄存器在某一时刻仅能存储 4 个二进制数（00、01、10、11）中的一个，而量子计算机的 2 位量子比特寄存器可以同时存储这 4 个数，因为每个量子比特蕴含着 2 个值。如果有 n 位量子比特，则寄存器可以同时存储的数为 2^n 个，计算机每一步可以做 2^n 个运算，即运行一台这样的量子计算机，相当于 2^n 台传统计算机同时运作，计算能力呈指数级提高。设想 $n=500$，则 2^{500} 是一个可怕的数，它比地球上的原子总数还要大。

　　量子计算机一次可以同时进行多个运算，叫作并行处理。而传统的计算机虽然有的被冠以拥有并行处理器，但实质上仍然是一次只做一个运算，即为串行处理。可以用一个最简单的例子来显示两者的区别。

　　两个传统比特直积：

$$|0\rangle \otimes |0\rangle = |00\rangle$$
$$|0\rangle \otimes |1\rangle = |01\rangle \qquad \text{（一次只做其中一个运算，}$$
$$|1\rangle \otimes |0\rangle = |10\rangle \qquad \text{四个结果需要运算四次）}$$
$$|1\rangle \otimes |1\rangle = |11\rangle$$

　　两个量子比特直积：

$$\frac{(|0\rangle + |1\rangle)}{\sqrt{2}} \otimes \frac{(|0\rangle - |1\rangle)}{\sqrt{2}} = \frac{1}{2}(|00\rangle - |01\rangle + |10\rangle - |11\rangle)$$

（一次就把四个运算全做了四个结果都包含在其中。若想提取结果，需要测量，以 1/4 概率得到某个结果）

　　从数学抽象上看，量子计算机的平行处理是执行以集合为基本运算单元的计算，而普通计算机执行以元素为基本运算单元的计算。以函数 $y=f(x)$，$x \in A$ 为例，量子计算的输入参数是定义域 A，一步到位得到输出值域 B，即 $B=f(A)$；经典计算的输入参数是 x，输出值为 y，要得到值域 B 需要经过多次计算才能完成。显然，并行处理具有串行处理无可比拟的优越性。根据理论预计，求解一个 10^{24} 变量的线性方程组，利用 GHz 时钟频率的量子计算机进行计算只需要 10 s。

　　量子计算机无比强大的计算能力吸引了众多的科研团队奋力攻关，但其困难巨大。尽管如此，研究还是不断地向前推进。在试验研究方面，2013 年 6 月，由潘建伟院士领导的量子光学和量子信息团队的陆朝阳、刘乃乐研究小组，实现了用量子计算机求解线性方程组的实验。在实用机研制方面，2011 年加拿大计算机公司 D-Wave 推出了具有 128 个量子比特的 D-Wave One 型量子计算机，并在 2013 年宣称 NASA 与谷歌公司共同预定了一台具有 512 个量子比特的 D-Wave Two 量子计算机，但其庞大的机身（见图 13-47）、苛刻的工作条件（接近绝对零度的低温）、超高的售价（约 1000 万美元/台）等，只能说明通向普及型量子计算机的路途还十分遥远。

图 13-47　D-Wave One 量子计算机系统

思考题 13-19　任何事物都是一分为二的，试查阅资料，了解量子计算机的弱点和制造量子计算机的困难之处。

13.4.3　脑科学

脑科学是研究脑的结构和功能的科学。面对一门高度综合性的科学，各学科都想在其中有所作为，有所建树。哲学家、逻辑学家试图理解脑的思维，心理学家试图理解脑的意识和认知，数学家、计算机学家试图理解脑的计算，生物学家试图理解脑的生物性，医学家试图理解脑的病理性，化学家试图理解脑的化学性，物理学家则希望理解脑的物理性……对于脑科学的研究，真可谓八仙过海，各显神通。

人脑是宇宙间结构最复杂、功能最高超的器官(见图 13-48)，其基本单元是神经元，如图 13-49 所示。一个成人大脑有上千亿个神经细胞和超过 10^{14} 个神经突触，神经元是通过接收和传递神经冲动来进行信息交换的，大脑加工的信息也是这种神经冲动。尽管对脑

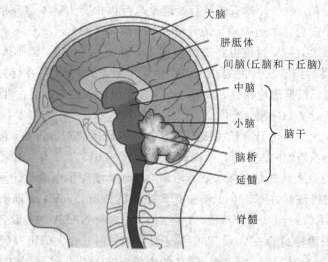

图 13-48　人脑构造

的研究已经有了诸如脑电波、神经纤维上的动作电位传导这样一些物理方面的研究，但总的说来，脑的物理机制研究尚处在较低的层次上，对于大脑深层运作机制的探索仍是一片未曾开垦的土地。以下将扼要指出脑意识与量子物理两处极为相似的现象。如果脑的深层运作是量子的，那么量子物理和脑科学的结合将使我们获得前所未有的重大发现。同时，由于量子计算的突出优越性，基于量子物理的脑科学研究将对未来认知科学、心理医疗、人工智能、仿生学等的发展产生巨大的革命性影响。

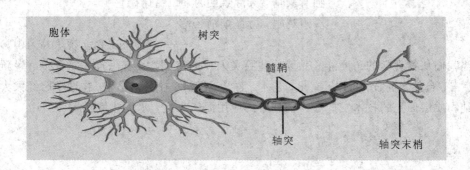

图 13 - 49　神经元构造

脑意识现象与量子物理的相似之处：

（1）脑情绪的波动性、情感的爆发性、意识的模糊性、思维的容错性、抉择的犹豫性、决定的草率性、意象的朦胧性、情意的缠绵性等，与量子物理的波粒二象性，不确定性，波的叠加、坍缩、相干、纠缠性等有非常好的契合。

（2）脑的并行处理方式与量子计算类似。

作为与（1）相似的例子，我们来读两首古诗。宋代陈与义《春日》诗："朝来庭树有鸣禽，红绿扶春上远林。忽有好诗生眼底，安排句法已难寻。"晋代陶渊明《饮酒》诗："采菊东篱下，悠然见南山。山气日夕佳，飞鸟相与还。此中有真意，欲辨已忘言。"这两首诗中，自然状态下的"好诗""真意"，一旦去"安排""欲辨"，就立刻"难寻""忘言"。这种意识层面的叠加和坍缩现象，与量子物理双缝干涉"Which Way"试验的结果有着惊人的一致性，不能不引起我们深思。

作为与（2）相似的一个简单例子，我们看一个音乐家，他/她可以同时眼观乐谱，双手击键，脚踩强弱音踏板，喉里发出婉转的歌声，双耳倾听整体效果，等等，而这所有的动作行为都是协同合一的。人脑的这种强大的处理能力是传统计算机永远不可企及的。

在量子物理看来，客观世界和观测者构成一个总的量子系统，而观测者又具有主观意识，因此物质和意识构成了一个相互影响的统一体。从这一意义上说，生命、脑、意识乃至心理等，都有必要从量子的本质上做深入的探索。

另一方面，对于物质的终极认识，已经建立起了量子场论，认为物质粒子无非就是真空场激发的结果。一种尚在发展的理论——弦或膜理论则认为，粒子就是 10 或 11 维度空间中弦或膜的各种状态的振动，宇宙就如一台由弦或膜构建的宏大、壮丽、美妙的交响乐。

锦瑟无端五十弦，一弦一柱思华年。

庄生晓梦迷蝴蝶，望帝春心托杜鹃。

沧海月明珠有泪，蓝田日暖玉生烟。

此情可待成追忆？只是当时已惘然。

——（唐·李商隐《锦瑟》）

犹记当时烽火里，九死一生如昨。

独有豪情，天际悬明月，风雷磅礴。

一声鸡唱，万怪烟消云落。

——（毛泽东《念女娇·井冈山》）

当我们从物理学的角度静心品读这些脍炙人口的诗词，又有怎样一番深刻、崭新的感悟？宇宙、自然、生命、意识、文化、艺术、哲学、经济、社会，等等，物理学已经大大超越了单纯物质层面上的技术发挥——物理学的应用海阔天空，永无止境！

参 考 文 献

[1] 程守洙,江之永.普通物理学[M].6版.北京:高等教育出版社,2006.

[2] 张三慧.大学物理学[M].3版.北京:清华大学出版社,2010.

[3] 赵凯华,陈熙谋.电磁学[M].3版.北京:高等教育出版社,2011.

[4] 马文蔚,苏惠惠,解希顺.物理学原理在工程技术中的应用[M].3版.北京:高等教育出版社,2006.

[5] YOUNG H D, FREEDMAN R A, FORD A L. Sears and Zemansky's university physics with modern physics[M].13th ed. Pearson Education,Inc.,2012.

[6] 刘廷柱.趣味刚体动力学[M].北京:高等教育出版社,2008.

[7] 倪光炯,王炎森.物理与文化:物理思想与人文精神的融合[M].2版.北京:高等教育出版社,2009.

[8] 李振道.艺术与科学[J].科学,1997,49(1):3.

[9] 王希季,李大耀.空间技术[M].上海:上海科学技术出版社,1994.

[10] 欧阳自远.月球和火星是深空探测焦点[N].科学时报,2005-12-16.

[11] 柏合明.神州九号天宫之旅的任务及意义[J].科学,2012,64(5):1.

[12] 杨振宁.美与物理学[J].物理通报,1997,12:1.

[13] 赵峥.物理学与人类文明十六讲[M].北京:高等教育出版社,2008.

[14] 赵凯华,钟锡华.光学[M].北京:北京大学出版社,1984.

[15] 母国光,战元龄.光学[M].2版.北京:高等教育出版社,2009.

[16] 姚启钧.光学教程[M].4版.北京:高等教育出版社,2008.

[17] 戴夫·佐贝尔.《生活大爆炸》里的科学[M].秦鹏,肖梦,译.北京:北京联合出版公司,2015.

[18] 李耀俊.光影世界:电影中的物理学[M].北京:机械工业出版社,2015.

[19] 雷仕湛,屈炜,缪洁.追光:光学的昨天和今天[M].上海:上海交通大学出版社,2013.

[20] 曹天元.上帝掷骰子吗?量子物理史话[M].北京:北京联合出版公司,2005.

[21] 约翰·格里宾.寻找薛定谔的猫:量子物理和真实性[M].张广才,译.海口:海南出版社,2012.

[22] 郑光平,李锐峰.单缝衍射测量金属膨胀系数[J].物理实验,2008,28(9):36-37.

[23] 王大成,梁栋材.生物大分子结构的X射线衍射分析[J].专题讲座,1981:31-36.

[24] 苏显渝,李继陶,曹益平,等.信息光学[M].2版.北京:科学出版社,2010.

[25] 陈家璧,苏显渝,朱伟利,等.光学信息技术原理及应用[M].北京:高等教育出版社,2001.